食品酒水
双定位战略

双定位理论食品酒水营销实践

韩志辉
于润洁
郭　婷　著

中国农业出版社

用定位思维做食品品牌为什么会一败涂地？

任何一套营销理论，都有它生存的土壤环境，当土壤变了，环境变了，继续坚持原有的营销理论就可能会落伍，甚至一败涂地！

曾经，定位理论是营销人的圣经。

定位理论被称为"有史以来对美国营销影响最大的观念"，人们赞美它改观了人类"满足需求"的旧营销认识，开创了"胜出竞争"的营销之道，给出了如何进入顾客心智以赢得选择的定位之道。

然而今天，定位理论过时了！

我们不得不直面一个事实：品牌已进入一个巨变的移动互联网时代。

不同于"定位时代"的消费者，如今消费者的信息变灵通了。各种信息源、各种自媒体遍布，消费者逐渐了解了产品的本质，他们不会轻易任人在心智中钉下一颗钉子——定位！今天的消费者变成品牌富翁了。他们被大量品牌包围，各种同质化的、定位相似的品牌密集，消费者面临在同一定位上如何选择的问题！他们需要一个选择理由，需要定位价值！

我们需要给消费者一个支点，去认可品牌、选择品牌定位！

不同于"定位时代"的竞争环境，今天的各个行业变成熟了。仅仅一个定位就可以占位了吗？同行的各品牌不会同意，也不会坐视不管。每个人都学会了定位，每一个绝佳定位点上都有人虎视眈眈！不能跳出定位，就会集体争抢有限的定位。不能超越定位，就不能保护自己的定位，也看不到新的蓝海品类，更不能打败别人的定位。

我们需要学会在定位红海中开辟蓝海品类，并锁定品牌定位。

这些，都是单纯的定位解决不了的！

所以今天，仍然坚持单纯定位理论的品牌大多面临着困境。

汇源，消费者心智中果汁品类的第一，却频频亏损，业绩不佳。一个重要原因是产品缺乏价值，陷入了低价格、低利润的漩涡。汇源的清晰定位，缺乏一个高价值！

九龙斋，定位大师亲自操刀的重要作品，十年时间，却依然迷失在定位的森林里——"解油腻喝九龙斋""正宗酸梅汤""地道老北京酸梅汤""饭后来一瓶，爽口解油腻""国饮九龙斋"，究竟哪一个才是九龙斋的定位？缺乏价值支撑点的单点定位，让九龙斋的定位始终摇摆不定，业绩一直没有大的突破。

和其正，紧随王老吉"清火气，养元气"的定位，难免东施效颦，改为"瓶装更尽兴，瓶装更大气"，占据了"瓶装"的定位，可这一定位并无实际价值，"尽兴""大气"与"瓶装"的混乱并存，也显出定位理论的局限，更没有传达出让人信服的购买理由。

邓老凉茶，提出要做凉茶"百事可乐"。"现代凉茶，新一代凉茶""去火不伤身"……每一句似乎都令人耳目一新，但始终在多个方向中难以定位，时而诉求品类，时而诉求价值，难以取舍，更难以形成合力。为何要迷信单一的定位，何不双管齐下呢？

继续盲目迷信定位，只会逐步脱离竞争的新时代！

我们必须尽快进入后定位时代！

事实上，定位大师在《定位》一书出版后，也曾经先后提出"新定位""重新定位"，体现出理论本身的反思和成长。

立足定位、突破定位——我们研究那些依靠定位强大起来，并且至今强大的品牌，发现它们的成功，其实是双重定位的成功！也就是双定位！而那些定位不成功的，其实只看到了单点的定位思维，缺乏定位支撑，导致定位摇摆、定位重复、定位缺乏价值。我们需要新的思维，给定位找到一个支撑点，那就是双定位！

最典型的，就是王老吉，它的属类定位是凉茶饮料，"怕上火喝王老吉"其实是它的价值定位。凉茶饮料定位让它冲出可乐、果汁的包围圈，"怕上火喝王老吉"凸显产品价值，给出消费理由。

双定位的一边是属类定位，可以解决在供给端中如何跳出同类产品的问题。另一边是价值定位，可以解决需求端如何让消费者选择的问题。

供给端的机会在于崭新的技术创新了产品，乃至形成了新的产品品类，跳出产品定位，通过品类创新进入产品定位，可以开辟消费者心智的蓝海。

需求端的机会在于消费者开始追求另类，期待创新品类。消费者有两个"脑"，一个是大脑，另一个是电脑，他们渴望接触、发现新品类。借助两个大脑，他们更懂产品，更容易被有价值的产品打动。

后定位时代就是双定位时代！从定位时代进入后定位时代，我们会发现同质化竞争下的新武器，打开全新的心智蓝海，形成属类与价值的双剑合璧！

现在，让我们一起进入后定位时代，打开双定位的全新思维！

目 录

在互联网技术快速迭代的今天，食品酒水行业也充满了变数。消费者分化、进化、复杂化，他们不再确定，不再被动，这种状态下，企业要怎么捕捉消费者？整个行业陷入了巨大的无奈与焦虑中！

危中生机，只有洞察变局者才能掌控变局！

消费者不再确定的时代，单纯的定位根本定不住变化的消费者。定位难定，我们已进入一个后定位时代！必须放弃传统的定位思维！我们需要一把关联之锁，既锁定消费者价值，也锁定品牌属类，并随着一方的变化而变化另一方，这就是双定位时代！

在中国食品界里，饮料行业的竞争强度高、品牌换位频率快、品类创新节奏紧凑。几乎每隔几年就会出现一个新的品类热点，并且品类和品牌相互成就。而较为成功的是那些把握住双定位战略的品牌。

白酒的自我定价时代已经结束，酒企主导权面临颠覆，消费者更加注重体验和服务，酒企与消费者的关系成为未来消费价值产出的关键。从香型、年份、家国情怀到独特的"小我"，传统白酒的互联网连接之道，注定不平凡、不寂寞！

休闲食品是互联网时代的宠儿。食物休闲化，休闲潮流化，从品类少、品牌少、渠道散到近几年的品类丰富、品牌崛起、渠道升级，从无品类初级竞争到品类＋价值双定位竞争，休闲食品逐渐成为新的食品创新领地。创意无限，惊喜无限！行业在创新中扩张，而新的商机，也隐藏其中！

第六章：乳品的双定位营销实践 · 105

40 年的发展，中国乳品行业已形成明显的四大阵营，稳定的行业格局下，每个品牌都必须有自己的独门品类，提供独特的价值。鲜牛奶与常温奶，有机奶与高端奶，草原奶与地域奶，极简的小白袋与个性鲜明的网红奶……品类引导，价值加持，双定位理论在长期竞争下的中国乳品行业得到了充分的营销实践。

第七章：大健康食品的双定位营销实践 · · · · · · · · · · · · · · · · · · 129

"大健康"食品不同于其他食品，它们从一开始就瞄准了消费者的价值需求，是以价值定义类别。选择以"大健康"作为切入点的食品企业，往往有强烈的价值意识，问题在于，品牌选择提供哪部分价值？如何在"大健康"食品这个比较泛的概念中定义自己的属类，区别于其他产品？这仍然需要通过双定位。

第八章：双定位创造营销双驱动 · 143

单向的定位，其营销也往往容易单向化，意图在于把品牌推给消费者。而双定位推动下的营销双驱动，是要改变品牌单向的推动，同时关注品牌与消费者双方的需求，激发供需对接，促进双方达成品类与价值的共识，从而在消费场景中互选。

专　论 · 157

附　录 · 167

食品酒水

双定位战略

第一章：互联网下半场消费大变局

属

价 十 值

类

在互联网技术快速迭代的今天，食品酒水行业也充满了变数。消费大变局，规则大变局；网红快速崛起，巨头突然没落；传统的打法不灵了，百年的品牌危机了——定位难定！我们进入了一个后定位时代！前路不明，亟需突破的我们，陷入了巨大的无奈中。

危中生机，只有洞察变局者才能掌控变局！

食品酒水行业发生了什么变化？我们如何解读这些变化？这两个问题，是本章探讨的重点，也是食品酒水行业重新获取竞争优势的切入点。

本章摘要

第一节 互联网下半场消费者变味了

不久前，我认识的一位 90 后结婚了，并且火速怀孕了。

天哪！多少 80 后美女还没有男朋友呢！

那又怎样？近日，最高人民法院一份报告显示，当不少 80 后还在与"剩男剩女"的标签抗争时，第一批 90 后已经加入了离婚大军。

90 后，好像也没那么叛逆嘛！不，90 后可没那么简单。以下展示几位非典型 90 后，了解一下。

某 90 后美男子，每月花在护肤上的费用高达四位数。某 90 后的清奇男子，醉心于研究古代团扇。某 90 后的学霸当大学教授了。某 90 后美女网红一场直播粉丝百万、收入千万。另有一位 90 后带着一群 80 后、70 后创业，融资已进入 C 轮。还有一群 90 后，在抖音上玩得不亦乐乎。

还有媒体报道：90 后开始拿保温杯了，90 后开始叹息皱纹了……

90 后，他们太不一样了！

90 后，是一个更分化的群体。他们比 70 后、80 后面临一个更多样、更跳跃的社会。除了年龄标签，他们在巨变的时代中面临更多元化的选择和人生观追求，也走上了不同的生活道路。

90 后是一个与网络社会共同成长的崭新群体。他们的多元化，直接反映着这个时代的大变革，特别是商品经济带来的人生观、价值观和消费观的巨变。包括我们以前所熟知的 60 后、70 后、80 后，在这个巨变的网络时代，也逐渐改变着自己原有的生活方式。

以 90 后这个新崛起的消费群体为代表，消费者在食品消费领域出现了大批的"变味"：

他们分化了：追求个性、圈层化。

他们进化了：消费升级，更冲动。

他们复杂了：吃的不仅仅是食物。

所有的新营销，就从这种变化开始……

一、分化：走向个性化的消费者

因为分化，消费者在不同的领域聚集成不同的小圈层，拒绝被"消费者"这个统一标签所代表。

消费者不再是铁板一块、大而化之的一群消费者，他们变成了三五成群的某一类消费者。并且，小圈层也不是固定不变的，没有一个固定的标签可以完全代表消费者。

高知人群的知乎，文艺范的豆瓣，小镇青年捧起的快手、抖音，还有魔性的拼多多，二次元的哔哩哔哩，加上热词频出的微博，网红引领的直播界……消费者的兴趣分裂成不同的焦点，聚集于不同的圈层，他们喜欢吃什么，不由同一个频道决定。

大量品牌开始 IP 化、人格化，并赋予品牌性格，其目的就在于接近目标消费者那个圈层的特质，让人一看，忍不住惊呼"说的就是我啊"！"这个品牌就是为我设计的呀"！

我们尝试用以下关键词，概括新商业环境下消费者的饮食分化：

1. 口味改变

改变的时代，消费者首先渴望吃到不一样的新东西。
改变饮食的国籍，寻求异域风情。
改变饮食的搭配，寻求跨界混搭。
改变饮食的种类，寻求新鲜物种。
改变饮食的格调，寻求特色环境。
这种改变，源自喜新厌旧的心理本性，也受到周围不断更新换代的科技产品的激发。

2. 口味矛盾

消费者在面对改变时，或者在面对相对立的选择时，充满了矛盾。
有人追求健康，但又对垃圾食品乐此不疲。
有人尊重传统，但又要求创新迭代求不同。
有人喜欢快捷，但又希望生活充满仪式感。
有人要求多样，但又迷失在选择的海洋里。
有人喜新厌旧，但又疯狂恋旧怀念旧时光。

这种矛盾，可能是因为场景不同，可能是因为对新生事物缺乏明确的判断标准。在工作场合，人们享受速溶咖啡的快捷；在闲暇时光，人们又迷恋手磨咖啡的格调。

这种矛盾，给了我们颠覆、创新和混搭的可能，在矛盾的地方创新，让矛盾融合，可能会成为食品酒水行业新的机会。比如有人喜欢面包的柔软，又不喜欢过于柔软，解决这种矛盾，就有了干面包、华夫饼这种新品类。

3. 品位极致

跨时空、跨人群的食品竞争，一方面会淘汰落伍的竞争者，另一方面，人们的品味也更为讲究，普通的产品，很难经受住人们味蕾的检验。

从竞争角度来讲，普通的、标准化的食品在工业化批量生产的大环境下，已经严重泛滥。各品牌为了突出自我，主动或被动革命，提升产品品质，连带提升了消费者的消费品位。

从消费者的品位来讲，随着消费水平的提高和全球优质产品的扩散，消费者有更多机会接触、购买到优质的产品和服务，消费品位也逐步升级。这种品位，包括食品味觉、食品卖相、食品体验、食品文化、食品理念等，是综合的、多方面的品位体验。每一轮消费品位升级，都会将低品质产品逐渐淘汰出主流市场，而极致化的产品则有更多机会获得高额利润，并主导未来。

在这种极致化的大潮中，每一款传统产品似乎都有可能走出一条网红食品的康庄大道。

比如，我们喝了多年的奶茶升级了，食材、口感、器具及体验经过大升级，诞生了"喜茶""奈雪の茶"这样的新生品牌。

我们习惯多年的方便面也被迫升级了，出现了更多方便食品的代替品，方便小火锅、热干面、朝鲜冷面、气调食品等，于是方便面的大佬——统一坐不住了，推出了生活面。

我们印象中廉价、平凡的怀旧辣条，通过极致化也成功变身辣条中的"iPhone"，变成了酷酷的、高级感的"hotstrip"，成功打入年轻超酷一族。

以上三组关键词的背后，是社会剧烈的变化和多种文明的交汇。正如那首《从前慢》所唱：

"从前的日色变得慢，
车、马、邮件都慢，
一生只够爱一个人。"

从前，我们可选的食品品类和品牌较少，可能很多年间，我们认准了某个老字号或者大品牌，便坚持不变了。

而现在，我们所在的土地上，农业文明、工业文明与网络文明相互碰撞，新旧交替的冲击，使得我们可以在多种偏好间进行选择，因此，购买行为充满了分化和不确定。

我们曾经用年龄、收入、爱好等固化标签来划分消费者，然后动用各种营销手段吸引、诱导消费者进行购买。但是网络信息越来越便捷，消费者越来越有所觉醒，越来越有意识地去叛逆刻板的标签，在某一领域、某一场景下进行小范围聚合。他们拒绝被年龄、性别、收入等标签简单粗暴地人为归类，拒绝被动营销，追求品牌与圈层的共鸣，乃至共生。

那些率先意识到消费者分化的品牌，已经在分化中找到了生存的空间。价位上的高中低端，文化上的主流与亚文化、二次元与卖萌，人群上的高净值、白领、小城镇群体等分层要素，纷纷表现在品牌营销策略上。由此诞生了很多小众品牌，例如丧茶、卫龙辣条、乐纯酸奶等。

在消费分化的时代，品牌的新机会是做小众中的第一品牌，而非大众中的三四线品牌。

因此，我们需要把消费者研究和营销策划提前，借助消费者画像、大数据、用户圈层定制、小众社群运营来与消费者对话，找到消费场景，抓住小圈层中聚焦的消费时机和消费偏好，做针对性的分众营销。

二、进化：升级的消费行为

消费升级的背后是物质丰裕，财富增加，人们消费能力的升级。其带来的消费行为变化有两个，一是追求更好，二是更乐于消费。

追求更好并不意味着贵，它表现为理性层面的品质和感性层面的品位。品质可以通过功能表现来衡量，品位则与消费者分化的兴趣有关。或者稀有，或者独特，或者适合自己，或者体现社会地位等。

乐于消费带来了多样化的消费形态。消费升级配合社会大变化，使得消费者在食品购买方面充满了更多选择和更多诱惑，逐渐丰富为如下三种购买类型：习惯性购买、多样化购买和冲动性购买。特别是冲动性购买，它与消费能力升级直接关联。

1. 食品消费的三种类型

消费类型	消费过程				
习惯性购买				决定买	评价
多样化购买			对比	购买	评价
冲动性购买	外界刺激				冲动消费
		知晓	对比	购买	评价

食品消费的三种类型

习惯性购买： 通常在市场竞争变化较少的阶段，食物品种较少，出于对老品牌的忠诚，消费者不需要思考、比较和选择，就进行购买。这是品牌长期教育、积淀的结果。比如调料、盐、猪肉、椰汁等产品，新品推出较少，重复消费频率高，消费者习惯性购买较多。

多样化购买： 当新的食物品种出现，消费者面临新的选择可能，如果多个品牌的价值不相上下，消费者会考虑更换品牌。假如新品牌表现理想，可能会成为消费者多样化购买的其中一类。比如饮料、牛奶、瓜子，基本每年都会推出新的口味，消费者会从多个口味中进行选择，或者变换口味。对于一个新品牌来说，能够成为多样化购买的一个选择，就成功了一半。

冲动性购买： 某些情况下，消费者虽然没有主动的购买意向，但整个社会物质财富的增加，中产阶层的扩大，加之信息爆炸的外界大环境存在各种刺激，诱导着消费者产生冲动消费。冲动性购买可以分为两种——有些外界刺激激发了购物欲望，但还会进行谨慎挑选；有些外界刺激直接与某品牌、某行为链接捆绑，其消费过程可能就是直接下单。比如，美食直播＋知名网红，或者"双十一"半价大促销，粉丝的消费冲动很可能是分分钟"剁手"的节奏！

2. 食品消费类型的转化机制

首先，我们再次梳理食品消费的三种类型的关键点：

习惯性购买的关键：

品牌品质稳定，强化品牌忠诚，产品的可见度
对应：一线垄断品牌

多样化购买的关键：

提供同品类多元化的利益，多口味、新工艺、新配方等
对应：未形成行业垄断，多个品牌竞争

冲动性购买的关键：

刺激的新颖度、火爆程度、诱人度、购买的便捷度
对应：新产品、新食物、个性化食物

食品消费的三种类型的关键点

冲动性购买停留在尝试阶段，多样化购买存在多个替代方案，习惯性购买会形成长期稳定的品牌关联。

一个新生产品、品牌上市，需要达成的首个目标就是冲动性购买。然后，成为多样化购买的一个选项。而后，通过持续经营，实现消费者的习惯性购买。

品牌的最终目标，是实现消费者的习惯性购买。从冲动性购买到多样化购买再到习惯性购买，其转化的关键如下图所示：

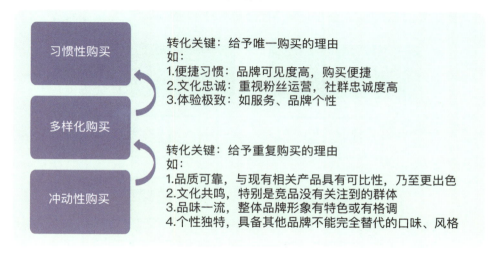

食品消费三种类型转化的关键

三、复杂化：不再单纯的"吃"文化

在微博晒图、朋友圈分享、美食打卡、短视频、美食直播的刺激下，人们对食物的关注点不再仅仅是"吃"的本身，"吃"被赋予了更丰富的内涵——颜值、格调、圈层、阶层、趣味等。并且因为被"晒"，吃从相对私密的属性，演变成公开的作秀，也承载了更多社会属性的东西，并且不断分化。

1. 消费者购买食物的动机类型

在互联网普及之前，人们购买食物的动机，主要是因为饥饿、补充营养和送礼，进入互联网社会，人们的消费动机增加了社交因素、炫耀因素，并且和消费场景相关联。

在传统社会，人们的消费需求较为内向。

饥饿型表现为：我饿了，我渴了，我吃东西是为了解渴解饿。满足功能需要。

营养型表现为：我体质不好，容易疲劳，气色不佳，需要补充营养。满足功能需要。

礼品型表现为：我需要在节日拜访亲朋好友，需要大品牌、有面子、有特色。满足特定时间的社交需要。

而在互联网社会，人们的消费需求变得外向。

社交型、炫耀型、场景型是网络社会新增的食物购买动机。

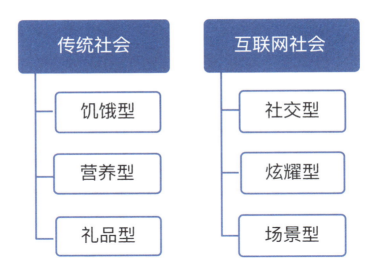

互联网社会新增的食物购买动机

社交型表现为：我需要拓展朋友圈，需要增加人脉，需要疏通人际关系。因此，出现了很多食物分享装，社交情感营销文案。

炫耀型表现为：我需要彰显自己的生活好、状态好，满足优越感。因此，便于拍照的品牌设计出现，如喜茶的 logo 设计，可口可乐的自拍设计，还有一些品牌在活动场所专门设计照片墙、名人驻场，都是为满足此需求。

场景型表现为：因为食物品类越来越多，所以，必须给消费者一个消费的场景和理由，让食物植入消费者的生活中。

2. 新时代"吃"内涵的丰富

我们对比了过去与现在的食品潮流，发现互联网社会下，"吃"的内涵已经从食物本身扩展到食物之外了，如图：

食材： 原始化与精致化	空间： 自然化与格调化	颜值： 天然化与风格化
历史： 正宗与创新	文化： 礼品化与生活化	情感： 吃饭与吃着玩
圈层： 大众化与小众化	品位： 快捷化与私房化	味觉： 健康化与愉悦化

新时代"吃"内涵的分化

食材：原始化与精致化

食材是饮食的基本，但是他们所面向的群体已经分化。比如一枚西红柿，有人喜欢物美价廉，有人关注农药残留，也有人关注是不是小时候的味道，还有人关注是否是品牌农业，是否是精品包装的净菜。人群已经沿着原始与精致两个方向分化，细分的需求代表着不同的市场方向。

空间：自然化与格调化

在饮食的空间层面，也出现了分化。一种是向往自然风格，比如朴实的农家乐——粗犷的砖结构，简约的竹子隔断等；另一种是向往高大上，引入智能化、虚拟现实、人机互动，追求古风、欧美风、日韩等。这种风格的分化不仅仅满足的是人群分化，也满足同一消费者的不同风格需求、社交需求、心情需求，其背后是人们审美的多元化。

颜值：天然化与风格化

好比整容那样，在食品的外观表现上，也存在天然食物与人造美食。部分消费者追求自然，喜欢食物本来的颜色、形状、味道，讲究轻加工，比如自然放养的猪，清水煮熟不放调料的肉，它的香味很棒。还有部分消费者喜欢漂亮的摆盘、个性的包装以及食物呈现的艺术造型，有一阵子，网上疯传巧手辣妈制作的卡通早餐，这就是通过食物的颜值拉高食物的价值。

历史：正宗与创新

今天，正宗的老字号依然有市场，除了年龄较大的人怀有对老字号的情感，还有人是因为对老字号的历史、理念、文化及品质更信赖。与此同时，也有人对老字号产生新的期待，希望他们引进新的服务、新的传播方式、互动方式，希望他们有所创新。对于品牌来说，这种有些割裂的想法更需要有分寸地把握，留住哪部分市场、坚持老字号的哪些方面、创新哪些方面，需要有选择地鉴别。

文化：礼品化与生活化

吃是生活的一部分，但也融入了社交、送礼场合。生活化一般指居家自用，比如某些品牌提供的家庭装、简约包装。而礼品化更重视包装、形式和品位。随着在食物区域交流的频繁，礼品的同质化问题也出现了，因此稀缺性、定制化的礼品，价值不透明的产品成为礼品市场的宠儿。比如某些在朋友圈限量定制的茶叶、酒，他们的个性化就满足了送礼的稀缺性。

情感：吃饭与吃着玩

传统意义上，除了少数特权阶层，大众饮食的主要关注点是"吃"的本身。而进入互联网社会，随着食物种类的极大丰富，加之世界范围内食物制作工艺的大融合，食物已经从功能型的"饿了吃"演变成价值型的"吃着玩"。比如小孩子玩的奇趣蛋，他们关注的重点不是零食，而是里面的玩具。

圈层：大众化与小众化

吃越来越成为一张社交门票。有爱吃小龙虾的一群人，有爱撸串的圈子，还有辣条的粉丝，同样的吃货属性把他们聚集起来。一种产品的口感比较有特色有个性，就会吸引一部分消费者，形成独特的小圈层。如果小圈层的传播力、带动力比较强，很可能引发产品的广泛流行，如脏脏包。在消费分化的时代，做到人人喜欢很难。从品牌推广的角度来看，运作的核心是寻找初期小众的铁杆粉丝，打造小圈层，进而通过传播带动品牌的大众化流行。

品位：快捷化与私房化

生活节奏越来越快，各种用品、技术更新换代也快，一方面各种熟食、精加工、快餐、速食走向餐桌，另一方面，快的反面是人们对慢的渴望，手磨豆浆、手切羊肉、散养鸡、手打牛丸、私房菜都是一种慢，只不过是品牌替消费者做"慢的工作"，让消费者轻松地享受，平衡了快与慢间的矛盾。

味觉：健康化与愉悦化

健康是理性的需求，愉悦是感性的欲望，互联网时代的人有了更多健康意识，但也有了很多味蕾诱惑。膨化类、烧烤类食品吃得愉快，让人忽略了理性的一面。舌尖上的享受确实是打开食物的密码，如果不好吃，即使营养价值高，也不会被大量食用。是平衡健康与愉悦，还是做好其中一个？或许要分产品来看待。比如大众饮品，如梨汁，很纯，但是不好喝，还会有人喝吗？但假如做保健类食品或特殊功能食品，可能不好吃反而成为一种功效的证明。

四、不确定中的消费机会

以上种种，让我们觉得消费者变得很不确定。

不确定是个让人缺乏安全感的词。

但对于新晋品牌，确定性就是"没有机会"，不确定才有"商机无限。"

对于那些已经成熟的领域，我们不得不承认存在一定的品牌偏好和确定性。但对于那些正在受到新技术、新概念、新人群冲击的领域，不确定性、缺少占位恰恰给了新品牌新的机会。

不确定中的消费机会，在于消费者的个性化需求被挖掘，食品品类日益丰富，消费者做购买选择题变得困难，营销空间也因此变得多元化。

1. 不确定中有哪些消费机会

机会就在于顺应消费者的变化——提供变化的理由和产品。

比如:

新口味:像辣椒,除了辣味还有甜辣味。

新工艺:像酸奶,有冷藏的、常温的,还有低温发酵的,不同工艺有不同的独特风味。

新搭配:像饮料,可以是混合果汁,也可以是混合果蔬汁、非浓缩还原果汁,还有搭配牛奶的果汁。

新风格:像可口可乐的时尚装,农夫山泉的小清新,百岁山的高冷。

2. 如何准确找到新消费机会

我们建议通过以下路径寻找:大数据、聚社群、小众化、定制化和参与制。

寻找新消费机会的路径

大数据：通过品牌自有的大数据，我们可以汇聚现有的消费者特性，如收入水平、文化倾向、购买动机、搜索偏好、购买历史、参照品牌。以此为根据，强化品牌优势，寻找相似的消费者。

另一种思路是找到目标竞争对手的大数据，研究消费者的购买偏好和生活方式，为品牌的改变找到参照点。

聚社群：聚社群的过程就是目标消费者培养的过程。通过借助其他参照平台的社群向自己品牌的社群导流，我们对消费者的某些特征越来越明确，后期的品牌研发会更有方向感。比如做个性休闲食品的，可以借助辣条社群、游戏论坛、二次元小组引流。

小众化：不服务模糊的大众，只满足个性的小众。越是小众，越要求具体，对消费者的认知就更接地气。小众化一要避免定位过窄，二要重视品牌忠诚和重复消费建设，三要重视客单价的提高，增加单个粉丝对品牌运营的贡献度。

定制化：定制化优势在于预先锁定消费群体。具体的方式可以是预售、众筹、团购、企业定制、社群定制。定制可以体现在口味层面，也可以体现在包装设计层面，还可以体现在产品组合层面。

参与制：通过已有的传播渠道，鼓励潜在消费者参与产品口味测试、设计创意、互动活动和分享评价，让消费者与品牌紧密关联。

第二节 食品酒水行业陷入巨大的无奈之中

面对消费者的诸多变化，食品酒水企业陷入了巨大的无奈之中。

消费者作为个体，他们个人的口味、风格、媒介、社群很容易转换，可以任性地追逐潮流时尚，正所谓船小好调头。可作为企业，消费者变化带来的是一整套的战略转型、产品重塑和营销创新，固化的传统做法变成了改革的包袱，新的市场很难找到突破点，跨界的竞争者又带着流量野蛮入侵，怎能不焦虑！

一、品牌人设：卖老还是年轻化

对于习惯了传统品牌营销的食品企业来说，进入市场早意味着资格老、资源多、消费基础较好，而传统的做法也意味着稳扎稳打。但互联网和新生代人群带来了智能化、年轻化、娱乐化浪潮，使老做法受到严重冲击，一些新生人群、时尚人群和新生品牌互动频频。

"三只松鼠"卖萌，"卫龙"走心，"叫只鸭子"会玩，"丧茶"够酷，这些流行食品爆红的基因里似乎都逃离严肃，戳中你柔软的小心脏。

有着传统基因的品牌，或者从传统企业出来创业的人都诧异了，大家都要玩年轻态吗？

有的企业感觉到自己的品牌老了，跟不上时代的步伐。

也有企业认为，那些嘻哈、二次元、网红这样的新生事物只能热一阵子，做品牌还是不要自乱阵脚。

还有的企业从视觉上进行了小小的尝试，情感化的命名 + 个性的设计 + 卖萌的互动，在渠道上传统和互联网同步推进。

那么，品牌应该突出自己的时间积累资源，还是应该主动迎接新浪潮，激发品牌的再度青春力呢？

可口可乐近几年的营销动作显示，他们没有所谓的偶像包袱和经典顾虑，从"昵称瓶"到"歌词瓶"再到"自拍瓶"，经典可乐 + 创新瓶 + 新文化，可口可乐始终与那些有年轻心态的人共振。可口可乐用营销创新告诉消费者，可口可乐的口味很经典，可口可乐的精神很年轻！

当然，可口可乐曾经也很焦虑，当他被新生的百事可乐的新口味、新精神和对比测试猛烈冲击的时候，可口可乐也慌了，不甘流失市场。经过一番谨慎调查测试，可口可乐推出了新口味，结果，老客户拒绝喝"更好喝的可口可乐"，他们只认可原来的可口可乐，那是美国精神的象征。

于是，老可口可乐在千呼万唤中又回来了。不得不说，这次口味更换为打造经典可乐打下了坚实的基础。当然，可口可乐公司没有那么任性，新的可口可乐没有立刻下架，而是继续留存市场，直到销量自然萎缩，自然退市。

或许从那个时候起，可口可乐的创意重任就落在了可乐瓶子上。口感不变，颜值与精神常新！

可口可乐曾经的焦虑提醒我们：

新产品可以推出，但市场基础扎实的老产品不要轻易淘汰！

产品本身的老味道或许可以代代相传，但品牌精神要永远活在当下！

新品上线或下线既需要谨慎测试，也需要实际验证。

当品牌成为一种精神象征，一定要让这种精神象征与新一代人保持互动。

二、战略计划：计划还是应变

过去企业做战略规划，少则三年，多则五年，今天，很多战略规划可能来不及进入执行，就遭遇了渠道变革、跨行业竞争，或者消费者见异思迁等。新的渠道、新的社群、新的媒介、新的文化、新的潮流、新的玩法，逼得企业的战略计划不得不变成紧急应对。

还需要制定战略计划吗？从品牌定位角度来讲，如果没有战略计划，品牌反复定位，容易人云亦云、迷失方向，也难以形成品牌积累。

因此，战略计划肯定是要有的，只是战略计划要留出活口。战略计划的修正周期、实现品牌战略的方式方法、新的品牌创新方向，都需要适应变化时代的特点，提前洞察变化，并留出变化的通道。这样，战略计划才能够引领品牌，把控成长的方向感。

在应变层面，渠道布局、传播方向、目标人群、活动形式都是可以紧跟潮流的。我们假设一下，如果茅台卖萌，会怎样呢？目前来看，茅台的目标人群还不是青年人群，但显然，酒水行业已经让有"性格"的江小白类青春小酒抢去了一部分市场。如果传统的大品牌酒企依然高高在上，下一步的市场分化很可能是不利的。这种情况下，如果不想贸然跟风，不如通过多品牌策略，尽快推出子品牌，保持与成长中的年轻群体的对话，把握好未来的市场。

三、新生物种：跟进还是退让

互联网时代的高传播性和高复制能力，一方面使得任何新生事物的保鲜期变得很短，另一方面一旦市场尝到甜头，总有大批跟风，带起一波节奏。

对于那些有自己计划和清晰产品线的品牌，是跟进好，还是退让后专注做自己好呢？

其实市场已经做出了一个回答：退让是有更好的计划——那些有计划、有条件开发出自己网红产品的，选择做自己的网红，不跟风别人的新生物种，他们担心别人赚吆喝；而跟进是能够把握机会——假如市场上出现了有特色的新品类，又没有专利保护，而本企业短时间内没有开发出自己的特色产品，又不想丢掉品牌增长机会，会顺势跟进网红品类。

比如科迪乳业，它选择退出与乳业巨头的正面竞争，是因为有自己的路要走。在其他乳品企业在常温酸奶、风味酸奶领域不断创新时，科迪低调地坚持在袋奶领域精耕细作，终于将它的透明袋纯奶做成了网红，成了别人跟进的对象。

当然，创新变得越来越难。层出不穷的营销创意锻炼了消费者，他们不再轻易兴奋。而营销平台的分散，也让营销变得更加碎片化。能够让消费者眼前一亮的创新本身就不容易，一旦创新出来，还面临被竞争者快速模仿的风险。所以，一旦创新品类，一定要设计品类区隔、技术区隔和认知区隔，并且启动商标注册、品类注册和相应的专利保护工作。

但是在炭烧酸奶领域是另一番景象。这一品类从刚推出就没有真正炒热，于是，几大乳企纷纷跟进这一品类，各家品牌没有谁绝对成为这一品类的代名词。好现象是这一品类终于被大家做大了，坏现象是这一品类被大家共享了。这里，几大知名的乳企纷纷动用了一点小心思，注册了属于自己的炭烧酸奶品类名，比如褐色炭烧，炭烧优酪乳等，形成了一定品牌区隔。

很显然，如果自己企业没有很好的思路跟进网红产品或新品类，那就刷存在感，保持竞争力，也可以做全品类。但跟风不可盲目，我们需要把握好企业"品牌是如何定位的"，要专注自己擅长的，有所为有所不为，不能在跟进别人时迷失了自己擅长的领域。

四、认知难题：大众还是小众

在一次行业会议上，我和某黄酒品牌的非物质文化遗产传承人聊起来，他很痛苦地反复提一个问题"消费者不认可黄酒，你怎么办？"

是啊！品类问题不解决，品牌何来做大的机会？正是皮之不存，毛将焉附。认知问题对于那些别具特色的小品类确实是个大问题。何况新的商业竞争已经进一步聚焦到消费者的心智层面。如果企业想要做大做强，是要争取大众的认知，还是要坚守部分小众的认知？

首先，我们需要达成一个认知共识，小众或者大众是消费者和企业共同的认知，而不是企业单向的认知。举个例子，黄酒企业认为消费者不认可，那么，消费者是这么想的吗？如果消费者认为黄酒是个小众产品，即使创新产品、丰富品项、增加消费场景，也是小众。那么，就是有部分消费者认可黄酒，企业可以沿着小众的路子往前走。但假如消费者认为黄酒的保健价值适合大众，但现有的黄酒在某些方面不能满足自己的需求，那么，黄酒就面临着改革，在坚持传统的基础上进行创新。

也就是说，服从或者从众取决于和消费者碰撞、共振的结果。躲在车间里伤心消费者没有认知，是不会知道消费者真正想法的。

其次，对于消费者暂时不认可，我们不能静态地坐以待毙。可以看看历史上的做法，看看未来改变的可能，看看相关行业的做法，做出面向市场的调整。还以黄酒为例，黄酒有渊源流长的历史，有丰富的文化承载，但消费者购买的不仅仅是历史，还有口感、品味、健康、身份等，黄酒要做的不是抱怨消费者不认知自己，而是要去了解消费者的认知需求，寻找黄酒在消费者认知中的位置、场景和机会。

五、营销手段：轰炸还是耕耘

提出这个问题，一方面是因为传统媒体式微，有的企业就很焦虑——"没有了那些广而告之的传播，品牌如何人尽皆知？"另一方面，默默耕耘自媒体、低调传播的方法见效太慢，企业不能眼睁睁看着而错失良机。

其实，在互联网全面渗透的今天，粗暴的轰炸已经不太可能，取而代之的是定点定人的多次轰炸，结合大数据，一次轰炸锁定一个圈层，一个媒介，这样信息沟通更精准。比如一款老人无糖食品，如果选择主流媒体、微博微信大号，进行大面积投放，成本太高。假如换个思路，选择健康类媒体、医疗类媒体，结合大数据投放给"三高"人群或他们的子女，这样的精准轰炸，会更有效。

而耕耘呢，也不是绝对的默默无闻。企业自媒体矩阵、老客户的口碑传播、爆款文章、爆款产品的营销，都必须先进行基础耕耘，然后才有扩散的通道。耕耘自媒体，适合品牌传播预算少的情况。除了结合热点精心打磨每一篇的推文，还可以巧妙借助外力，和某些关联自媒体合作，拓展粉丝入口。这个过程虽然不算快，但粉丝都是和品牌建立了直接的关联，有很好的社群运营基础。

比如，某奶粉品牌结合幼儿园虐童事件在自媒体上发出品牌声音，理性分析事件的源头、杜绝的机制，这样的文章看似没有吆喝产品多好，但却贴心地考虑了家长的心情和品牌的社会责任。一旦推向粉丝广泛传播，这种耕耘也会收获大批粉丝赞赏。

相比而言，精准轰炸适合新品上市、品牌活动或旺季促销等重点推广期，而耕耘呢，更适合长期建立品牌社群、维护品牌传播阵地。前者见效快，后者则能持续促进品牌成长。

属

价 十 值

类

消费者变味了，企业焦虑了，一个需求端，一个供给端，他们是商业环境中最基本的两个角色，现在共同面临着时代巨变带来的调整和压力。他们都变了，品牌营销怎么变？

这一轮品牌营销巨变，面临的难点在于，消费者发生了过去百年都没有遇到的快速转变，并且是从口味、到文化、到体验、到媒介、再到圈层的全方位改变。何况，在品牌多元化和产品丰富化的大背景下，消费者掌握了更大的主动权。

消费者已经变了，继续立足于企业现状，继续忽略消费者的主导地位，还能找到原地不动的消费者吗？

新的时代，单纯的定位根本定不住变化的消费者。定位难定，我们已进入一个后定位时代！必须放弃传统的定位思维！我们需要一把关联之锁，既锁定消费者价值，也锁定品牌属类，并随着一方的变化而变化另一方，这就是双定位时代！

第一节 单纯定位思维解决不了的问题

传统的品牌营销理论，关注点在于"如何打造品牌"，消费者完全是个被动角色。比如 USP 理论，关注的是品牌独特的销售主张。整合营销传播理论，重点在于将所有传播行为整合为一个声音。定位理论呢？目的是让品牌在消费者心智中占据一个位置。这些理论的出发点，都是企业，遵循的是从企业到消费者的逻辑，而且是立足于企业现状寻找消费者。

案例点评：九龙斋酸梅汤，两次定位之痛

多年前，笔者曾在《销售与市场》杂志发表"谁将是酸梅汤里的'王老吉'"的文章，从酸梅汤品类现状、九龙斋酸梅汤品类策略、小品类做成大品类的基本条件、酸梅汤品类的发展趋势等多方面分析了九龙斋在酸梅汤品类的发展前景，认为九龙斋酸梅汤与王老吉凉茶有诸多相似之处，断言"九龙斋必将成为酸梅汤品类的又一个'王老吉'"。现在笔者发现，九龙斋仍"宅"在北京一隅，当初美好的愿望并未如愿。

一、解油腻喝九龙斋：定位不"定"，左右摇摆

10 年前，九龙斋母公司燕京啤酒引入曾成功运作王老吉凉茶的某咨询公司，为九龙斋进行品牌定位。该公司借鉴"怕上火喝王老吉"的成功经验，为九龙斋酸梅汤制定了"解油腻喝九龙斋"的品牌定位。

九龙斋酸梅汤实行了品类大变身，从传统认知的解暑饮料，摇身一变成为了解油腻的饮料。且不说这种大变身能否被消费者认可，仅从九龙斋后期的宣传中就可以看出，九龙斋的品牌定位左右摇摆，定位不"定"，一会"做蛋糕"——做大酸梅汤品类市场，一会"切蛋糕"——切分酸梅汤品类市场：2008 年宣传"解油腻喝九龙斋"，属于"做蛋糕"；2009 年宣传"九龙斋真材实料"，在"切蛋糕"；2010 年又改为"饭后来一瓶，爽口解油腻"，细分场景下的"做蛋糕"。其后，九龙斋的品牌宣传还有"冰糖熬制更健康"（切蛋糕）"正宗酸梅汤"（切蛋糕）"地道老北京酸梅汤"（切蛋糕）等不同的诉求。

做蛋糕和切蛋糕本身是相辅相成的，前者是品类定位，后者是价值定位。品

类定位负责吸引消费者选择酸梅汤"品类"，价值定位负责引导消费者选择九龙斋"品牌"，两者共同发力，形成品牌双定位。但九龙斋酸梅汤在定位摇摆中，一会左一会右，今年品类发力，明年品牌发力，始终没有形成双定位的共同作用。

二、国饮九龙斋：品类骑墙，价值牵强

10年后，在咨询公司的主张下，九龙斋重提"解油腻喝九龙斋"的传播口号，将酸梅汤品类定位为"解油腻的消食饮品"。

同时，咨询公司认为饮料行业存在着与"国酒——茅台"一样的市场机会，存在着"国饮"品类的心智空白。基于"饮料行业也需要一个'国饮'""'国饮'在消费认知上的空白将会是行业史无前例的机会"的判断，咨询公司认为"国饮品类成就国饮品牌"，而九龙斋无疑"最有资格和实力占据'国饮'位置"，于是，"国饮九龙斋"的价值定位横空出世，并宣传"这一定位让跟进者难以超越，让九龙斋拥有无法替代的产品竞争力。"

九龙斋定位不"定"，左右摇摆

2017 年，九龙斋重新定位为"国饮"，直指百亿目标

品类定位——解油腻的消食饮品，价值定位——国饮，貌似双定位具备，直指"百亿目标"。

但是，且慢！2016-2017 年，饮料行业的热门品类非山楂饮品莫属，基于"山楂消食"的大众心智认知，冠芳山楂树下、消时乐等品牌快速发展，掀起了"消食饮品"热潮。

九龙斋从十年前的"解油腻饮品"，发展为十年后的"解油腻的消食饮品"，像是一个骑墙之作，既想树立"解油腻"的独占品类，又想借势"消食饮品"的品类热潮，其品类定位仍不"定"。

至于"国饮"的价值定位提法，我们不知道有多少人认为有"国酒"就得有"国饮"。不知道有多少人认为如果有"国饮"，九龙斋酸梅汤是否"最有资格和实力占据'国饮'的位置"。

品类上骑墙，价值上牵强，"国饮品类成就国饮品牌"是否能够实现，笔者心里可是没底。

十年时间，背靠定位大树的九龙斋，笔者认为"必将成为酸梅汤品类的又一个'王老吉'"的九龙斋，依然迷失在定位的森林里。

九龙斋，该重新考虑一下双定位了！

单纯的定位，在互联网时代已经定不准了！

单纯的定位，射不中消费者这个变化的飞靶，也忽略了品牌在巨变大环境下自身的改变。

单纯的定位，过分关注了企业和品牌自身，变成了单向的营销。而互联网品牌营销的新要求，不仅仅在于让品牌产品抵达消费者，更重要的是让消费者关注品牌、选择产品。消费者变成了品牌营销的出发点，所有的营销动作，都是为了"做消费者理想型的品牌"，并且建立品牌与消费者的长期关联。

那么，如何给予消费者主动权，还同时兼顾互联网品牌营销呢？

品牌该加快进行双定位了！

双定位是什么？双定位该如何操作？如何在食品领域应用？下节我们重点从理论层面讲解品牌营销双定位的核心观点。

第二节 双定位是双向锁定供需的战略利器

"双定位理论"是由国内著名营销专家、管理学博士韩志辉先生与其团队共同提出的，在 2017 首届中国品牌人年会上，"双定位理论"获得了"品牌营销理论创新奖"。

什么是"双定位理论"？双定位理论的创新之处又在哪里？

一、双定位的基本模型

双定位理论认为：任何一个成功的品牌，都必须在消费者心智中成功占据两个位置，回答消费者的两个问题：

第一，你是什么？或者你代表什么？此为属类定位；
第二，我为什么要买你？此为价值定位。

属类定位＋价值定位，缺一不可！
此谓"双定位理论"。

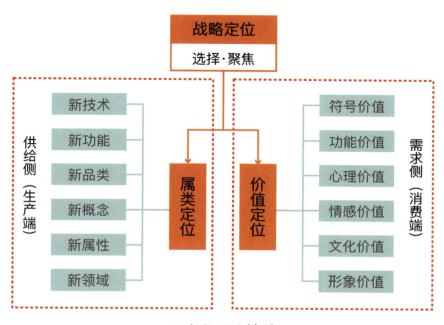

双定位理论模型

双定位理论模型，不是传统的定位，它是双向锁定。它把营销中最核心的两个角色放在同等重要的位置，进行双向锁定。消费者获得了主动权，他们的价值需求是品牌营销的出发点，而不是终点。品牌定位也不能机械地在消费者心智中寻找，而是要根据消费者的价值需求和变化调整自己的属类定位。

双定位理论模型，不是静态的定位，它是动态关联。消费者的需求不是一成不变的，大时代和局部环境都可能引发消费者的变化，所以，一次定位不是万事大吉。当品牌在新的时代竞争中掉队了，原有的定位就需要检核。而当品牌开创出新品类，它的目标消费群体，也可能面临改变，需要重新锁定。

双定位理论模型，不是单项的定位，它是关联定位。一旦消费者的价值需求发生变化，品牌定位也需要进行关联调整。如果选择调整品牌价值，就要调整新的属类；如果选择坚持品牌价值，或者就需要重新调整人群。

双定位理论模型，不是一组概念，它是一套战略。属类定位紧紧围绕着企业战略展开，企业做什么项目，不做什么项目，都反映在属类定位上，反过来，属类定位也会约束企业聚焦主业。而价值定位也不是唱高调，它必须是消费者关注的、竞争对手忽略的、且企业可以支撑的，它是品牌进入消费者心里的一个绿色通道，必须通过不断的营销动作来支撑，逐渐累积品牌价值。

那么，双定位理论模型如何使用呢？

二、双定位的两侧十二元素

为了生存，人类需要交易。消费者和企业品牌，这两侧天然地需要对方。从消费者所在的需求侧，可以发现品牌所要面向的那部分消费者的价值定位；而从品牌所在的供给侧，可以结合消费者价值需求、结合企业资源，锁定品牌的属类定位。两侧互选、聚焦，就确定了品牌的战略定位。

因此，我们首先需要分别解读双定位模型的两侧——消费者侧和企业品牌侧。另外，鉴于消费者逐渐掌握着品牌选择的主动权，所以，我们在具体解读时，先从消费者这一侧的价值需求开始解读，了解消费者需求，才能聚焦市场机会，有的放矢。这里面有个问题需要解释，有些企业会认为我的产品已经设计出来了，或者已经上市很久了，我再找消费者需求，难道还要改变产品？对于这种已经成型、成熟的产品，消费者研究的意义就在于与消费者对接，找到这些产品可能的市场空间；如果确实有新的市场老产品不能满足，可以考虑推出新产品线或品牌，然后通过一段时间的运营逐渐找到品牌长期的发展方向。

1. 消费者侧的价值需求

消费者这侧的价值需求，是掌握消费者心智的地图，是食品价值定位的索引。随着消费升级，消费者更愿意为有价值认同的品牌买单，这也是同质化产品跳出竞争红海的一个策略选择。

为了便于顺藤摸瓜，双定位理论将此分为六大价值

符号价值：即要充分考虑到产品所代表的符号，特别是那些不仅仅诉求于温饱需求的产品。从社会学角度讲，这是一个"能指"与"所指"的问题。一款产品，直观的层面上，能指的是温饱需求；随着可以满足温饱的产品丰富起来，选择不同的产品所指的就是不同的"符号"——这些符号如社会阶层、地位、身份、品位等。人们通过选择不同的产品，彰显着自己的社会符号。

功能价值：即从实用性的角度，分析消费者购买产品所要满足的价值。从基本的吃饱、解渴，到营养、减肥，再到保健、热量控制、解馋、开胃等。这些是产品的基本属性，也是其他价值的根基。

心理价值：即从心理学角度，把握消费者的消费规律，窥探触动人们心灵的深处，以此挖掘更隐秘的价值需求。比如通过研究人们的从众心理、时髦、恐惧心理、首因效应、托马斯效应、情绪定律、需求定律等规律，都可以发现带有普遍规律性的心理价值诉求。百事可乐打出"新一代的选择"，背后是高明的心理洞察。面对可口可乐已经形成的经典形象，另一个相对的维度就是"新"——这巧妙借助了人群中天然存在的怀旧与创新两大心理趋势，为自己获得了可以与可口可乐抗衡的价值定位。

情感价值：即消费者有怎样的情感需要得到抒发、发泄或者共鸣。比如希望通过一款食品释放压力、悲伤，又或者在高兴时想大口开吃、痛快畅饮，又或者在某些特定的场合打发时间、制造气氛，等等。我们的时代越来越张扬人的精神属性，在多种同质化的产品中，人们可能会选择那个适合自己心情，与自己有眼缘、有感觉的产品，而且这种来自情感的非理性因素往往更容易影响决策。一个品牌名、一条广告语、一个特别的图案，都可能触动消费者的情感之弦。所以我们看到一些休闲类的食品，往往通过大量的名人、场景和气氛渲染欢乐，鼓励痛快吃喝，不断激发消费者的情感。

文化价值：即消费者会欣赏产品身上的哪些文化元素？消费者希望获得怎样的文化共鸣？随着消费者整体的文化水平、修养和交流需求的提升，品牌，特别是高端品牌的文化内涵，成为消费者关注的重要因素。比如送礼，除了品牌是否知名，人们也关心品牌文化所传达的价值，如果能够传递送礼者和收礼者的文化品味，激发双方的文化共鸣，那就增加了选择的偏好度。

形象价值：即消费者希望塑造怎样的个人形象？在这里，食品品牌成为一种道具，一种消费者形象的组成部分。举个例子，如果消费者希望塑造时尚的形象，也许不会吃方便面，他会选择士力架、面包、坚果之类的零食。食品代表的潮流、格调、价位，其实都要看和哪些消费者比较搭。再举个例子，一个优雅职业的女士，会在同事面前吃一串糖葫芦吗？很不符合她的形象吧，甚至还有可能会破坏她的形象。但假如是精品包装的小份糖葫芦，就比较符合她精致的形象了。

2. 企业品牌侧的供给属类

通过解读消费者所需求的价值，品牌发现了市场机会，接下来，就是锁定品牌属类，精准对接消费者的价值需求。

我们用属类这个词，来代表品牌所属的那个品类。对于企业产品分类，过去人们常用所属的行业划分。而随着行业越来越细分，产品品种越来越丰富，用行业来划分企业，显然太过粗糙，也不能形成区隔。因此，我们用属类来代表品牌产品的细分类别。

品类对品牌生死攸关。一个大品类的崛起，可能会带来一到两个行业大品牌崛起的机会。而品类的没落，也意味着相关行业品牌的败落。比如随着方便食品品类的丰富与快餐业的增长，方便面品类就面临这种危机，也同时出现了生活面、方便米线、方便火锅等品类的创新。

双定位的左边，供给侧一栏，为我们提供了品牌进行属类定位的六大思考角度。

新技术： 即从技术层面实现，满足消费者的价值需求。新技术有助于强化人们对新品牌的兴趣和信任。比如新的净化水技术、新的熟食加热技术、新的食物保鲜技术、新的烘焙工艺、新的环保技术等。结合前面的价值研究，我们可给技术赋予人们需要的价值。如：

符号价值： 如科技爱好者、发烧友的身份。

功能价值： 如细胞破壁技术，可以对应营养价值。

心理价值： 如探索心理，创新心理。

情感价值： 如方便面的直面技术，其情感价值可以说是一口爽到底；自加热米饭技术，其情感价值可以说时刻有家的味道。

文化价值： 如传统食品的创新工艺，其文化价值可以对应"向经典致敬"。

形象价值： 如新的啤酒酿造工艺，其形象价值可以对应"敢于尝鲜的人"。

新功能： 即从产品所能实现的功能角度，来体现对消费者某些价值需求的满足。有些产品可能技术上并不新颖，或者技术上比较抽象，但其最后呈现的功能，还是直接戳中了消费者的某些价值需求。比如补钙食品，低糖食品，维生素奶糖，他们的功能都比较直接。其实新功能可以支持的价值也比较宽泛，比如补钙奶，其情感利益也可以对应关爱家人。

新品类： 即从产品所从属的食品品类角度，为消费者提供新的购买选项。因为消费者谈到吃，一般会问"吃什么呀？"或者会问"有什么新鲜东西？"新品类就解决了这个问题。因为新鲜，它可以让消费者在好奇中关注新鲜事物。网红的脏脏包、肉松小贝、自加热火锅都是食品的新品类，都引领了新的消费热点。如果品牌在同类中做得较早，或是品质够赞，消费者很有可能会将新品类与某品牌划等。比如康师傅的红烧牛肉面，统一的老坛酸菜面。

新概念： 新概念往往凝练而神秘，传递着品牌独有的理念、品味、特色。好的概念词对应着消费者的痛点或兴奋点等价值需求，吸引他们关注，揭开概念背后的谜题。那么，概念词如何寻找？

可以通过消费者需求来抽象，优点是直接切中利益。如针对消费者的"添加剂担忧"心理，可以通过"零添加"概念来体现。

可以通过社会热点来提炼，比较新颖的、受关注的。比如借助脏脏包的热点，有品牌推出了脏脏茶。借了概念，也借了热度。

可以通过技术优势进行抽象，专业度高，可信度高。当然，过于专业则有碍传播，最好能将专业词的利益直白化，比如巴氏杀菌奶改叫巴氏鲜奶。

无论从哪个角度提炼，概念对应价值才有意义，才能打动顾客、有助于营销。另外，提炼好的新概念需要进行概念阐释，才能便于传播。

新属性：比较适合在行业原有产品品类基础上进行拓展。比如新口味、新组合、新包装、新保鲜方式、新烹调方式等。和其正凉茶的"瓶装更尽兴"，就是典型的新属性。当消费者对原有品类的口味、包装等表现出不满时，或者企业想要在原有产品线的基础上丰富品类时，新属性是比较容易拓展的。

新领域：对于食品来说，新领域可以是新的食品消费人群。比如婴儿奶粉领域的抗过敏奶粉、早产婴儿奶粉，针对的是以前不被单独关注的特殊婴儿。也可以是新的食物原料，比如太空培育的新品种、新的杂交品种等。也可以是细分的功能食品，随着大健康意识的增强，这一领域可能创新机会较多。比如中药养生类食品、猴菇类食品就是一个典型。

第三节 双定位成功的关键

一、一步步，玩转双定位

从消费者角度来看，他们选择食品，往往先问"吃什么"——这是产品属类。再问"买什么牌子或者哪家的"——这里品牌要提供足够的价值，才能被消费者选择。这是从"属类"到"价值"的购买过程。

反过来，从品牌角度来看，我们要反其道而行。因为，如果从属类出发，它可能支撑不了消费者需要的价值。而从价值出发，我们可以牢牢把握住市场需求，并且可以对属类的表达进行调整或者精确化。这是从"价值"到"属类"的创意过程。

这里存在一个问题。对于进入市场很久的品牌来说，或许会担心产品早已成型，如果从价值倒推属类，可能会天马行空，也可能后期实现产品时阻力重重。其实，我们的价值倒推类似于消费者调研，目的是发现品牌所擅长的那个领域，其想要解决的问题是"我们原来假定的那部分消费者真正需要的是什么"，或者"我们定位的那部分消费者他们有哪些需求被遗忘了"。从这个角度讲，"价值"到"属类"的创意过程，是市场调研导向的品牌双定位。

所以，为了更好地把握消费者需求，品牌双定位的过程需要从研究消费者出发，然后落实到产品身上，找出或者打造出产品满足消费者价值的那个特色，最终实现品牌属类与价值的双定位。

1. 寻找价值：发现空档和突破点

寻找价值，首先需要开展消费者调研，调研对象包括购买本品牌的消费者、未成交的消费者和竞品的消费者等不同类型。在这个过程中，围绕品牌策略，规划产品品类，做具体的消费者研究，寻找到价值的空档和突破点。

找到价值的空档和突破点，意味着找到了新的市场。特别是那些还未被满足的、有认知基础的价值需求，可以大量节省市场教育费用。比如猴菇这一品类并不为大多数人所熟知，但养胃的价值却被人们广泛关注，因此，打开市场就较为容易。

同时，价值也预先制定了品牌的服务目标。就好比在战场上，我们预先制定了要占领哪个城市，哪片领土。如果这个目标还没有人占领，或者有很多潜在价值有待挖掘，那这场战役就值得大干一场。否则，盲目地向一个地方出发，未来就比较堪忧。

当然，寻找价值的过程，是一个探索的过程，我们很难一步到位发现有市场潜力的价值需求。我们可以先通过消费者调研、行业分析和头脑风暴，把最初的一些备选价值列出来，等待下一步的选择。

2. 选择价值：价值要稳、准、狠

在众多的备选价值中，我们要选择稳、准、狠的价值。

稳，是强调价值的认知度。价值一定要有认知基础，而不是仅仅图新鲜或稀缺。有认知基础的价值，市场相对较好开拓。当然，那些非常明显、认知基础好的价

值很抢手，甚至已经被过分使用。因此，我们需要进一步挖掘或者对价值进行细分。比如减肥这个价值，可以进一步分解为安全减肥、快速减肥、减肥不减气色等。

准，是强调价值的表达要准确。能够恰当表达价值的内涵，要避免歧义，也要避免过分夸大。比如王老吉"怕上火"这个价值，就比"治上火""不想上火"要准确，因为一个"怕"字，一方面强化了消费者对上火这个问题的恐惧。另一方面又暗含着产品并不承诺治愈，而只是预防功能，非常讨巧。

狠，是强调挖掘价值时要触及消费者的痛点。比如对于减肥食品，"丑胖哭了"这个价值表达，把胖和丑放在一起，让胖人不能再轻易忽视胖了。在博思特策划的朝能粮饮谷多维这款产品中，针对产品价值，没有泛泛地提出"营养""健康""养生"这样的词，而是在多次论证后提出"你的营养偏了"，这样带有警示性的价值表达，消费者怎能不关注！

3. 锁定属类：价值的最佳拍档

品牌价值既定，下一步我们需要明确"怎样的属类名称能够聚焦选定的价值"。

属类，是品牌旗下产品属于哪一类，也就是消费者所说的"买什么？"根据创新程度，可以分为两种情况：一种是常规产品，他们有通用的行业属类；另一种是创新产品，他们需要创新属类或者在传统属类中重新定义。无论是常规还是创新产品，属类都需要结合上一步骤的价值选择，考虑如何表达品牌属类。

对于传统常规产品，比如牛奶、茶叶、果汁、饼干等，如果创新程度不大，其属类可以进行有限度的策划。限度在于，不能跳出常规属类，因为这样会丢失已有的认知基础；也不能停留于原有的通用属类，因为可能会淹没在传统属类的海洋里。

建议采用局部创新的方法，比如"属性词＋通用属类"。比如针对部分人"希望牛奶味道丰富"这一价值诉求，可以创新的方向有：果奶是"配料属性＋通用属类"，老酸奶是"风格属性＋通用属类"，炭烧酸奶是"口味属性＋通用属类"。这种属类名称，是新鲜元素＋老元素，容易推广。

或者，可采用"技术词＋通用属类"的方法。比如针对"消费者希望火腿口味多样化"这一价值诉求，可以创新的方向有果木烤肠，脆皮熏肠。

而对于创新产品，可以考虑提出一个新的属类。当然后期需要较大力度的推广和认知教育。这种品类创新法，我们可以根据双定位模型，结合价值选择，从属类定位的六个方向进行分析，看哪个方向可以支持消费者的价值需求，并且选择精准语言表达这个属类。比如消费者提出火腿肠里肉越来越少了，就有企业从概念词这个角度开发出肉粒多这个属类，于是价值词与品类词合二为一。

创新的属类词，有一个典型的优点，就是可以在属类词和品牌词间划个"＝"。比如芬达、雪碧、可口可乐，从名称到口感、体验完全求新，一旦推广力度到位，消费者在购买这一属类的产品时，可能就会将这个品牌作为首选项。

创新属类词，不必天马行空，也万万不可脱离消费者的认知基础。要发现消费者认知中本来有的属类元素，而不是仅凭想象。这里提供三种快捷思路：

结合产品特点。比如脏脏包、肉松小贝。

结合价值需求。比如好吃点、可乐、青春小酒、温补酒、一口酥、赛螃蟹。

或有参考型、原型。比如芬达提出的"非可乐"，借助可乐成为另一大品类。特仑苏的"不是所有的牛奶都叫特仑苏"，通过对比，把品牌名做成了高端牛奶品类。

4. 表现双定位：相得益彰

经过以上三步，消费者关注的价值和品牌的属类问题都已解决，接下来，就是供需对接、相得益彰。

在品牌实际对外的传播中，消费者价值一般体现在广告语、品牌口号中，而属类词一般体现在品牌名称、品牌定位中，他们结合起来，基本构成了品牌传播的核心元素。从这个角度上讲，双定位有利于把握品牌策划的核心，为品牌最终走进消费者的心智中奠定了关键基础。

比如好吃点，好吃你就多吃一点——好吃点是品牌名，也逐渐成了属类；多吃一点是价值。

统一老坛酸菜，这酸爽才正宗——老坛酸菜是属类，正宗酸爽是价值。

农夫山泉有点甜——山泉是属类，有点甜是价值。

万雄园五谷蛋，五谷优养，自然鲜蛋——五谷蛋是属类，自然鲜是价值。

梅尼耶干蛋糕，干干脆脆，健康美味——干蛋糕是属类，干干脆脆，健康美味是价值。

可见，我们熟悉的知名品牌，其传播核心都符合双定位思想，并且通过品牌属类和消费者价值需求一遍遍地强化消费者的认知。

当然，仅有思想还不够。双定位也需要颜值来闪亮登场。这就是对品牌双定位的形象设计和视听表达。

　　这些让人一见钟情、再见难忘的双定位形象设计，不是单纯的好看——他们够个性，绝不走寻常的设计路。他们会说话，能说出品牌价值。他们更有思想，他们颜值的背后是品牌智慧的策略。

如果是新款产品的属类策划，比如新发现的、新研发的、进口的产品，没有现成的词语可用，那就尽可能借助能够产生相关的美好联想的词语（比如可口可乐，雪碧），或者能够产生好奇心的名字（比如马卡龙、提拉米苏、威士忌），并且要匹配强大的宣传。在后期的宣传中，一方面要利用新事物的属性，激发消费者的好奇（比如可口可乐那神秘的配方）；另一方面也要不断制造新款产品与消费者熟悉事物间的关联（比如提拉米苏意味着"请带我走"，一下子让消费者产生代入感）。这样才能尽快达到消费者对陌生事物的认知度。

3. 属类与价值不相关

品牌产品所在的属类与消费者的价值需求，分别属于不同的角色要求，但他们最终需要联袂出演，并且彼此适应。因为两根筷子才有合力。价值必须是属类的价值，属类必须是有价值的品类，属类关联价值，价值支撑属类，这样才能给消费者强有力的说服。如果属类说"我是一根冰棍"，而价值却说"热了更养胃"，那就尴尬了，他们自说自话，消费者根本就不知道品牌在说什么。

实际的品牌策划中，我们不太可能出现属类向左，价值向右的错误。比较常见的是，属类和价值彼此不合拍，出现一定程度的偏离。假如我们要推出一款暖酸奶，将其品牌价值表达为"酸酸甜甜真好喝"和"美味"，作为消费者就很难想象——它们两者有什么关联，暖酸奶的价值和常规酸奶有什么区别呢？

属类与价值最好的搭配是发现他们天然的黏性，启发消费者自然的联想。比如说到五谷，就想到"自然、养人"的价值；说到冰，就想到"清爽、痛快"；说到中药，就想到"调理，天然"。当然，显而易见的价值很可能是已经被竞品占用，我们可以沿着自然联想的价值往下深挖，寻找细分价值或潜在价值。

4. 双定位停留于概念，无支撑无传播

双定位并不是一套概念。从策划的基础来讲，它必须基于市场洞察，立足于企业资源，这样才有落地的基础。而从战略的目标来讲，它必须能够与企业战略结合，使属类定位与品牌发展的主产业相吻合，并能够帮助企业始终聚焦这一方向。在营销层面，属类定位是不断通过产品线研发来支撑的。而价值定位，需要不断通过营销活动、顾客体验、增值服务等来体现。

另外，双定位也必须强化传播，才能成功占位。如果品牌通过策划，确定了一个全新的、特别的属类，并且成为该属类下的代表品牌，貌似是自立山头、准备称王了。可是，品牌的价值真的立起来了吗？

这时候要避免陷入"酒香不怕巷子深"，忽视传播的陷阱。

一方面，再特别的食物，也需要让更多的人知道、吃到，这关系到品牌的影响力和盈利问题。即使依靠社群传播、口碑传播，品牌也要参与其中，加快推进传播的过程，不然，始终只能成为一个独特的产品，而不能成为有影响力的品牌。

另一方面，即使品牌已经具备影响力，仍然需要定期刷新存在感。因为消费者的注意力是有限的，要小心他们被更新、更特别、更频繁传播的品牌抢夺。

总之，我们想强调的是创新属类不代表拥有了聚宝盆，它只是我们开发市场财富的利器，而不代表已经拥有市场财富。创新属类还需要配套创新、有效的品牌传播，才能获得更高的市场占有率。

永盛斋：工艺占品类，文化树品牌

永盛斋的品牌突围之所以值得解读，是因为中国的地方特产，基本上和永盛斋面临一样的市场局面：顶层某品牌一家独大（甚至同样的品类品牌化），底层小品牌低价竞争，具有事业企图心的二线品牌上下挤压，无处容身。

一、竞争局面：天罗地网 谋求突破

寻求突破的永盛斋：

·中华老字号，解放前德州共有七家"斋"字号扒鸡老店，目前仅存"永盛斋"仍在坚持做扒鸡。

·永盛斋传承德州扒鸡制作的传统工艺，坚持使用优质原料，高成本决定了产品的高价格，高价格缺少品牌力的支撑，难以被经销商和消费者接受。

·面对竞争对手的"天罗地网"，经营业绩多年未取得突破，亟需咨询服务，协助企业发展。

"天罗"德扒集团：

·德州市的国有企业，实力雄厚，商业关系牢固，品牌宣传占据高位。

·拥有"德州"和"德州扒鸡"商标权，独占德州扒鸡的通用产品名称。永盛斋不能直接使用"德州扒鸡"的产品名称，在很大程度上影响了品牌力和产品力。

"地网"乡盛鸡：

·乡盛以乡情诉求为主，在乡镇市场铺货率很高，市场地位稳固。
·价格较低，销量大，永盛斋若以同样价格跟进，一方面不符合老字号的战略发展，另一方面利润低，企业难以永续经营。

二、基于地方特产的两大属性，打造永盛斋品牌两大"正宗"形象

德州扒鸡之所以成为国内知名的熟食鸡产品，在于它是"德州特产"。德州扒鸡具有两大属性——扒鸡的品类属性和德州的地域（特产）属性。

基于品类属性和地域属性，光华博思特明确了永盛斋的品牌竞争策略和品牌价值打造的方向——品类属性上，永盛斋要占据我是"正宗的"扒鸡；地域属性上，永盛斋要占据我是正宗的"德州"扒鸡。

1、工艺定义品类，工艺正宗代表产品正宗

扒鸡、烧鸡、熏鸡……是以制作工艺定义品类的。

既然是以工艺定义品类，那工艺的正宗就意味着品类的正宗。

经过调研我们发现，很多消费者（甚至生产企业）只是知道"扒鸡"是一种工艺，但说不清楚扒鸡的工艺详情，扒鸡品类缺失工艺根基。

　　消费者的逻辑是：买扒鸡，最好买正宗"扒"工艺做出来的；

　　光华博思特的逻辑是：谁是正宗的"扒"工艺，谁就是"正宗"的扒鸡。

光华博思特首先要做的就是为永盛斋塑造"扒"工艺的正宗性，来占据正宗扒鸡的价值。这是提升永盛斋品牌价值的第一个核心问题。

2、八扒工艺，抢占扒鸡正宗

光华博思特综合了"扒鸡"的品类名称、扒鸡制作的传统工艺，创意出"八项绝艺成一鸡，故名扒鸡"的品类咒语，来解释扒鸡为什么叫扒鸡。

从永盛斋的传统工艺中，提炼"别出型、抹上色、炸起酥、熬老汤、煮熟嫩、煨入味、焖脱骨、控去腻"等八大核心工艺，作为扒鸡制作的"八项绝艺"。

最后，光华博思特将此八项绝艺概念化为"八扒"工艺，使"八项绝艺""八扒工艺"牢牢锁定在永盛斋品牌身上。

通过"八项绝艺成一鸡，故名扒鸡"到"八项绝艺＝八扒工艺"的逻辑，"八扒工艺"成为了扒鸡制作的正宗工艺，而永盛斋通过抢占"正宗八扒工艺"，实现了"占据正宗'扒'工艺，占据正宗扒鸡"的品牌目的。

八扒工艺的塑造

3、运河文化，树立德州扒鸡正宗

全国多地都生产"扒鸡"，为什么德州扒鸡独占鳌头，成为全国知名的扒鸡特产？答案就在德州扒鸡的产地历史和文化内涵。

光华博思特认为：是历史和文化内涵定义了地方特产。谁占据了产地历史和文化内涵，谁就占据了地方特产的正宗品牌地位。

在市场上，德州扒鸡集团将"火车头"作为自己的品牌符号，其明星产品"1956"即以火车头作为核心识别形象。我们经过深入研究德州扒鸡的历史，认为"火车头"远远代表不了德州扒鸡的产地历史和文化内涵。

永盛斋的品牌价值和品牌形象

那么，永盛斋该用什么品牌符号来代表德州扒鸡的产地历史和文化内涵，从而占据德州扒鸡的正宗品牌地位呢？这成为提升永盛斋品牌价值的第二个核心问题。

光华博思特认为：地方特产的品牌符号一定是区域自豪感和全国影响力的综合体。

那什么是能够代表德州扒鸡的产地历史和文化内涵的品牌符号呢？我们将目光落在了京杭大运河上。

京杭大运河是德州市、德州人的骄傲，是德州扒鸡产生的根源；京杭大运河入选世界文化遗产名录，在国内是人人皆知的历史文化符号。

京杭大运河兼具区域自豪感和全国影响力，是永盛斋品牌符号的不二之选。

永盛斋秉承正宗八扒工艺，传承千年运河文化，将两者浓缩在一起，形成了永盛斋的品牌价值和品牌形象。

4、产品包装的符号化

光华博思特将大运河的品牌形象应用于产品包装上，使永盛斋的产品包装风格统一于品牌形象，在销售终端形成了强烈的视觉冲击和吸引力，并与德州扒鸡集团的火车头形象形成了明显的价值差异。

永盛斋新包装

三、项目成就：销量翻一番，对手紧模仿

2016 年年初，永盛斋新品牌形象、新包装产品上市。截至年底，销量比 2015 年翻了一番。

随着"八扒工艺"的深入人心和永盛斋品牌的销量猛涨，有的品牌喊出了"七绝技艺"来进行竞争。

能引起竞争品牌的强烈应对，证明我们的策划成果是成功的。

第三章：饮料行业的双定位营销实践

价 属 值 类

在中国食品界里，饮料行业的竞争强度高、品牌换位频率快、品类创新节奏紧凑。在中国饮料行业的发展过程中，几乎每隔几年就会出现一个新的品类热点，吸引行业巨头们疯狂进入。截至今日，基本形成了碳酸饮料、瓶装水、茶饮料、果汁饮料、功能饮料、凉茶以及植物蛋白饮料等几大主流品类，树立了两乐（可口可乐、百事可乐）、娃哈哈、康师傅、统一、汇源、红牛、王老吉、加多宝、六个核桃、椰树等强势品牌。中国饮料行业的发展史，自身就是品类和品牌相互成就的历史。

饮料行业是国内市场竞争较为充分和成熟的行业，各种营销理论在饮料行业充分实践——太阳神的 CIS（企业形象识别系统）、娃哈哈的品牌形象论、乐百氏的 USP、农夫山泉和统一小茗同学的双定位战略……这些营销实践，检验着各种营销理论的高下和真伪。

本章摘要

第一节 一瓶水中的双定位营销实践

时至今日，瓶装水占据中国饮料行业的大板块，也是饮料行业竞争较为充分和激烈的子行业。各种理论的营销实践在瓶装水领域上演，各有精彩，各领风骚。

一、娃哈哈 PK 乐百氏：品牌形象论与 USP 之战

20 世纪 90 年代中期，全国瓶装水市场激烈竞争，在广告战烽烟四起的氛围中，娃哈哈与乐百氏凭借不同的品牌策略脱颖而出，成为当时著名饮品品牌，娃哈哈纯净水畅销至今。

当年，娃哈哈瓶装纯净水率先上市，其《我的眼里只有你》的广告由歌星景岗山代言，主打年轻消费群体。该广告在又多又杂的水品牌中，凭借清晰的策略、煽情的表现、出众的制作脱颖而出，娃哈哈纯净水占据国内瓶装水市场的头把交椅，俨然成为中国瓶装水的第一品牌。由此，娃哈哈确定了品牌策略的基调——爱情与歌曲——前者是内容表现，后者是形式表现。

三年后，娃哈哈签约了有"优质偶像"之称的王力宏，推出《爱你等于爱自己》的广告片。由此，娃哈哈与王力宏携手近 20 年，坚守"爱情 + 歌曲"的品牌形象。

在娃哈哈纯净水上市一年后，乐百氏纯净水随之上市。此时，娃哈哈纯净水已有先行之利，且纯净水高度同质化，乐百氏该如何进行品牌诉求？

娃哈哈的"爱情 + 歌曲"是感性的，重点在塑造品牌形象。乐百氏反其道而行之，采取了"理性诉求"的策略，在产品品质层面上打造"27 层净化"的独特卖点（USP），在消费者心中造成了强烈的品牌差异，在短短数月之内销售额达到了 2 亿元，一时与娃哈哈难分伯仲。

第一轮水战中，娃哈哈的品牌形象论与乐百氏的 USP 割据市场，不相上下。

二、娃哈哈 PK 农夫山泉：惨烈的品类之战

农夫山泉瓶装水与乐百氏纯净水同年上市。当时娃哈哈和乐百氏已占据瓶装水绝对的市场主导地位。与娃哈哈的"爱情"和乐百氏的"理性"不同，农夫山泉推出"运动盖"包装，在央视投放《农夫山泉有点甜》的广告片。这只广告片具有非常明确的 USP 特点，其一是把新颖的包装形式演变为可以促成产品销售的独特卖点；其二是绕开了娃哈哈的感性和乐百氏的理性，在产品口味上做出了特殊的诉求——"农夫山泉有点甜"，使农夫山泉成为当时较少诉求口味口感的品牌，而且"有点甜"兼具内心的感性和口感的理性。凭借该品牌的营销策略，农夫山泉当年销量就跃居前三甲，为其进一步发展开创了良好的局面。

两年多以后，农夫山泉放出"大招"，宣布"经实验证明纯净水对健康无益，农夫山泉从此不再生产纯净水，而只从事生产天然水。"一场轰轰烈烈的"品类之战"在炎炎夏日上演，并持续至今。

面对农夫山泉挑起的品类之战，娃哈哈联合众多纯净水商家抗议农夫山泉"诋毁纯净水的不正当竞争行为"，尔后全国 18 个省市的 69 家纯净水生产企业及行业协会发表联合声明，要求农夫山泉必须停止诋毁纯净水的广告宣传活动，并向全国生产销售纯净水的企业公开赔礼道歉。

广西 53 家纯净水
生产企业
拟起诉"农夫山泉"

←农夫山泉"品类之战"
的相关媒体报道

"农夫山泉对外宣称因纯净水对健康无益而不再生产纯净水的行为，是对纯净水行业的一种攻击，我们对此表示非常愤慨！"5月19日，广西53家纯净水生产厂家代表汇集广西北海市，揭到农夫山泉提出的"喝纯净水无益"的说法时，都表现出很强烈的不满。

据了解，占全国饮用水行业第三的农夫山泉于近期以"纯净水中几乎不含其他物质，因此对人的健康并无好处"为由，宣布不再生产纯净水而转向生产天然水，并称因此损失了几千万元资金。

"这是对纯净水的一种攻击。"柳州"奥林"纯净水的

家是维护消费者喝纯净水的权益的，喝什么样的水由消费者自己去选择，而不是某些厂家推出所谓的专家、实验证明来蒙骗别人，误导消费者。""这将是历史的笑话。""娇元泉"纯净水的何总补充道。门其他大型纯净水生产企业"侨信"、"正天元"、"天湖"等也表示，农夫山泉的说法有悖于正常的市场竞争，是根不可的。

据悉，广西纯净水协会还拟在适当的时候起诉农夫山泉，并提出索赔要求。

刘 |

纯净水企业的激烈回应，对农夫山泉来说是一种间接助攻，更多媒体和消费者关注天然水与纯净水的品类之争，

关注农夫山泉品牌。由此，农夫山泉的市场份额与娃哈哈、乐百氏不相上下，成

就了当时中国包装饮用水市场的三霸主之一。

第二轮水战中，农夫山泉由 USP 策略到品类之战，晋升市场三霸主之一。农夫山泉天然水对纯净水的成功，是双定位策略的成功——品类定位：含天然矿物元素的天然水；价值定位：健康，两者相辅相成，助力农夫山泉的上位。

三、农夫山泉 PK 康师傅：USP 到品类之战

在娃哈哈与农夫山泉的激斗中，康师傅携矿物质水进入瓶装水市场。

所谓"矿物质水"，是在纯净水的基础上添加矿化液而成的，它是在（娃哈哈）纯净水与（农夫山泉）天然水之间巧妙地开发出的成本低廉但价值感却较高的瓶装水新品类。

康师傅矿物质水的品类名称里含"矿物质"三个字，于是他巧妙借势农夫山泉一直宣传的饮用水中应该含有矿物元素的诉求，用"多一点，生活更健康"作为 USP，以四两拨千斤之力，快速打开了市场。

康师傅矿物质水上市仅仅三年，中国瓶装水市场行业座次就被重新排定：康师傅矿物质水一举超越了娃哈哈，成为行业老大，娃哈哈排名第二位，农夫山泉第三位。

自己开拓出来的健康水市场被他人掠夺了胜利果实，农夫山泉自然难以咽下这口气。农夫山泉多次向国家质检总局提交反对意见，反对矿物质水标准，并用"PH值运动"，打开了矿物质水与天然水的品类之战。康师傅"水源门"事件、《中国新闻周刊》"千岛湖水源被列入第Ⅳ类"等的报道，都是在此时期发生的。

经此一役，矿物质水持续走高，但农夫山泉并不罢休。2016 年 1 月 1 日实施的《食品安全国家标准包装饮用水》（GB19298-2014）明确规定"不得以水以外的一种或若干种成分来命名包装饮用水"，"矿物质水"品类寿终正寝。

虽然"矿物质水"因标准的改变而改名，但从市场效果的检验来看，康师傅"矿物质水"无疑是成功的，其双定位策略清晰明了，他针对纯净水提出了"矿物质水"的品类定位，赋予"多一点更健康"的价值定位，加之定价上的进攻性，成功坐上瓶装水的头把交椅。

四、农夫山泉 PK 恒大冰泉：经典的攻守之战

农夫山泉不仅仅善于进攻，也善于防守反击。

2013 年 11 月，四只巨大的恒大冰泉矿泉水瓶出现在亚冠决赛庆祝的赛场中——恒大正式入局瓶装水市场，定位中高端。在恒大冰泉问世后的 20 天时间里，砸了巨额广告费，并请来里皮、郎平、菲戈、耶罗等体育明星担当推广大使，后期更是请来了成龙、范冰冰、全智贤、都敏俊等影视明星担当代言人。投入这么高，恒大冰泉的价格自然也不低——农夫山泉卖 2 元一瓶，恒大冰泉卖 4.5 元一瓶。

"一处水源供全球""我们搬运的不是地表水"……恒大冰泉的矛头看似直指农夫山泉，意图站在农夫山泉的肩膀上体现自己的高价值。但财大气粗的恒大冰泉显然找错了挑战对手，要论营销战，农夫山泉可谓身经百战了。

面对恒大冰泉的进攻，农夫山泉奇正并用，不仅化解了恒大冰泉的进攻，而且借势突出了自己的水源地。

从 2014 年 3 月开始，农夫山泉投放长白山水源地广告片，片中反复出现一位农夫山泉勘探员，在长白山的原始森林中跋山涉水，就为了寻找一处优质的水源地……，此为正。

同时，一个"你厂在我隔壁"的段子出现在了互联网上，告诉消费者农夫山泉与恒大冰泉的水源地一样，但价格更优惠，此为奇。

一攻一守一反击之中，农夫山泉无疑是最大的受益者——消费者几乎忘了农夫山泉是天然水，而是将农夫山泉视作矿泉水。

《你厂在我隔壁》网络段子

恒*冰泉：长白山天然矿泉水

*夫山泉：你厂在我隔壁

恒*冰泉：煮饭，泡茶，美容，长寿

*夫山泉：你厂在我隔壁

恒*冰泉：恒大冰泉，世界三大好水

*夫山泉：你厂在我隔壁

恒*冰泉：一处水源供全球

*夫山泉：你厂在我隔壁

恒*冰泉：我们搬运的不是地表水

*夫山泉：你厂在我隔壁

恒*冰泉：能不说这个吗？

*夫山泉：我卖2块钱

恒*冰泉：……

恒大冰泉最后以转让、降价而收场。对恒大冰泉的失利原因，各路专家从不同角度给出了分析，用双定位理论看，恒大冰泉两者都不沾——品类定位摇摆不定，一会儿长白山矿泉水，一会儿世界三大好水，一会儿不是地表水；价值定位也在美容、健康、煮饭、泡茶中时时转换，不知所以。如此分裂，难以塑造高价值品牌。

五、今麦郎凉白开：开创"熟水"新品类

在瓶装水的激战中，从纯净水到天然水再到矿泉水，品类创新是主流。除了上述几个品类外，娃哈哈的富氧水、今麦郎的凉白开也是有一定特性的品类开创。

2016年5月，今麦郎推出新产品——凉白开，开创"熟水"的品类概念，赋

予其"喝熟水真解渴"的价值定位。凉白开从生水与熟水的角度出发，开创了新品类，绕开了矿泉水的水源地竞争，使饮用水行业迎来了新一轮变局。

今麦郎为进一步巩固熟水品类，牵头制定《熟水包装饮用水团体标准》，强化自己的品类开创者地位。

从纯净水到天然水，从矿泉水到熟水，中国瓶装水市场的品牌策略历经品牌形象论、USP、品类策略到双定位。营销是艺术，更是实践。30 年的"水战"，成功证明了双定位策略在瓶装水市场的营销实践成效。

瓶装水品牌的价值表现

品牌	品牌策略	品牌价值表现
娃哈哈	品牌形象	爱情 + 歌曲
乐百氏	USP	27 层净化

农夫山泉	USP	运动盖；农夫山泉有点甜
	双定位	品类定位：含矿物元素的天然水
		价值定位：健康
康师傅	双定位	品类定位：矿物质水
		价值定位：多一点更健康
恒大冰泉	不清晰	品类定位：长白山矿泉水
		价值定位：不明确
今麦郎凉白开	双定位	品类定位：熟水
		价值定位：喝熟水真解渴

第二节 双定位制胜的甜蜜事业

果汁饮料市场广义来说包含100%果汁和低浓度果汁。目前，低浓度果汁是市场主流，在全国主要城市的渗透率近70%。美汁源果粒橙和统一鲜橙多是第一集团军，约占果汁饮料市场份额的50%。统一鲜橙多和美汁源果粒橙是双定位理论在果汁行业的最佳营销实践。

一、统一鲜橙多：造类，成就果汁行业神话

汇源刚成立时，主打100%纯果汁，拉开了中国果汁行业的市场大幕。其后大湖、都乐等品牌相继进入市场，在新世纪到来之前，纯果汁是果汁行业的主流品类。

汇源开启了果汁饮料的市场，消费者对果汁饮料的需求，主要是好喝、有营养。汇源纯果汁虽然营养更高，但受制于纯果汁的品类定位，妨碍其扩大市场的恰恰是消费者对饮料的最大需求——好喝、解渴、价格合理。可以说，在当时的消费环境下，汇源纯果汁并非传统意义上的大众饮品——它更多偏重于果汁属性，而非饮料属性。

21世纪初，统一鲜橙多上市。这个被稀释的果汁在上市之初，连统一自己都不知道会如此受欢迎——在整个饮料旺季，统一加班加点都无法满足市场的供货。

统一鲜橙多的成功，是典型的双定位策略应用的成功。

统一鲜橙多基于饮料属性，降低了果汁浓度——从 100% 降低到 10%，开创了低浓度果汁新品类。通过品类的创新，统一鲜橙多口感极佳，增强了解渴的利益，并且通过降低浓度拉低价格，使果汁饮料真正成为大众饮品，统一鲜橙多当年销量近 10 亿元，创造了饮料行业少有的神话。

在创新品类的基础上，基于消费者缺乏维生素 C 的概念认知，统一鲜橙多喊出了"多 C 多漂亮"的价值定位，给消费者一个新的消费理由。

品类定位＋价值定位的双侧赋新，统一鲜橙多一时蔚为风潮，抢占了汇源纯果汁的市场地位，短时期内成为果汁行业的老大。

随后，统一的老对手康师傅推出果汁饮料鲜的每日 C，诉求"自然健康每一天"，但无论是产品名称还是价值诉求，都没有脱离统一鲜橙多，更像是统一鲜橙多的模仿，其命运也可想而知。

对统一鲜橙多的诱人业绩为之心动的还有可口可乐——可口可乐的酷儿果汁以独具特色的人格化营销亮相中国市场。其产品定位为儿童市场，一个大脑袋的卡通儿童形象，时不时会发出"酷——"的声音。

在人群细分上做透文章的酷儿，凭借其贴近儿童世界的特色促销，帮助酷儿果汁迅速打开市场，但酷儿终归在品类上属于跟随角色，在价值定位上也缺少针对细分人群的针对性，在红火了几年后，被可口可乐的另一款果汁饮料——美汁源取代。

二、美汁源果粒橙：双定位，荣登果汁行业老大宝座

继酷儿之后，可口可乐推出了美汁源果粒橙——这是一款含真正果肉的橙汁饮料，在短期内就将统一鲜橙多拉下果汁饮料的老大宝座，成为果汁饮料的领跑者。

美汁源果粒橙在鲜橙多的基础上，进一步分化品类，开创了"含果肉的橙汁饮料"新品类。美汁源果粒橙采取在橙汁中添加果肉的办法，与统一鲜橙多形成了品类差异，而特加的一粒粒真正果肉，也成为其最大的价值定位。

美汁源果粒橙瓶型也独具特色：上部分状如橙子，表面布满了凹凸不平的像果粒的颗粒，给消费者一种"果肉在手中，果肉在眼中"的效果。可口可乐凭借美汁源果粒橙，真正实现了大饮料的目标。

美汁源取得了巨大的成功后，可口可乐的老对手百事可乐自然不甘心，携旗下的"纯果乐"以挑战者身份进入"含果肉的果汁"这一品类。

百事可乐的纯果乐暗示可口可乐的果粒橙使用"果屑"，诉求"能嚼得到"的鲜果粒。可惜的是，消费者并没有果粒橙嚼不到的痛点和纯果乐嚼得到的兴奋点，纯果乐的攻击仿佛一拳打在棉花上，并没有产生什么效果。

纯果乐暗示果粒橙的"果屑"

纯果乐复合果汁，诉求多果美味

其后，纯果乐又推出果缤纷产品，宣称多种水果的复合果汁。只可惜，这并不是一条坦途，在此之前，农夫果园、尚蔬坊等众多品牌推出过复合果汁或果蔬汁的品类，但都没有激起太大的水花。

除了纯果乐，还有乐源果粒橙跟进含果粒果汁这一品类。乐源果粒橙在跟随美汁源的基础上，打造"双倍果粒"的差异化USP，依靠"同样的价格，双倍的果粒"策略，在县乡市场取得了一定的销量。

乐源果粒橙：打造"双倍"USP

三、NFC 果汁：名不正言不顺，且行且改善

2011 年，"零度果坊"NFC 果汁上市，开启了 NFC（Not From Concentrate，即非浓缩还原）果汁新品类。NFC 果汁被行业看好，目前，已有零度果坊、汇源鲜榨坊、农夫山泉 17.5°、派森百、臻富纯主义、森美等品牌参与市场争夺。

虽然 NFC 果汁具有自身独特的产品优势，但我们并不看好现有品牌的该品类的策略——现有的策略可谓"名不正言不顺"，NFC 果汁需且行且改善。

品类"名不正"

品类名称对新品类的成长至关重要，品类名称是用顾客通用的词汇，显示产品的实质，让消费者一听一看就知道产品是什么，即"我是谁"。好的品类名称决定了产品的价值、市场的大小，甚至产品的生死。好的品类名称一般要符合四个特点，即有根源、简短、直白、有好感。

NFC 果汁的品类名字，来源于其英文名称缩写（Not From Concentrate），且不说 NFC 在电子产品行业已有所指——NFC 是 Near Field Communication 缩写，即近距离无线通讯技术。单就该品类名称而言，NFC 果汁难以传达任何的产品属性和价值感。NFC 果汁之品类名称，除了"有根源"，其他三条都不符合，可谓是一个差的品类名称。

价值"言不顺"

消费者为什么选择统一鲜橙多？因为它补充维生素 C，多 C 多漂亮。

消费者为什么选择美汁源果粒橙？因为它含果肉，嘴巴喜欢，身体喜欢！

消费者为什么选择 NFC 果汁？

让我们看看两大 NFC 果汁主要品牌——汇源和农夫山泉，是如何诉求 NFC 果汁的价值吧。

农夫山泉 17.5° 的广告宣传语是"早上喝果汁，晚上喝牛奶"，汇源鲜榨坊的品牌宣传则强调"进口原料"。两个品牌的广告语中，丝毫传达不出 NFC 果汁的价值定位——抢占的是谁的市场、为什么要喝 NFC 果汁？

名不正，言不顺，NFC 果汁尚需在品类定位和价值定位上狠下功夫，进行价值再造，方能再造一个新品类。

第三节 品茶论道：小茗同学与茶 π 的双定位实践

茶饮料是国内饮料业的主流品类，长久以来被绿茶、冰红茶两大品类把持，直至小茗同学和茶 π 的出现。

一、小茗同学：岂止是"加了糖"的东方树叶

2015 年，统一的小茗同学刚一上市便火了！5 元的价格，相比传统的冰红茶、绿茶等不可谓不高，但年轻人趋之若鹜，好评如潮。期间，有人五味陈杂地来了这么一句："小茗同学，不就是加了糖的东方树叶嘛。"

对啊，农夫山泉的东方树叶早在 2011 年便推向了市场，从多个方面打量，这都是一款不折不扣的好产品：生产工艺先进——100% 茶叶自然抽取；品牌故事动听——神奇的东方树叶；产品卖点明确——传统中国茶、零卡路里；产品包装漂亮——英国公司设计包装。

东方树叶这么一款好产品，为什么上市 5 年来一直不温不火？比刚上市的"加了糖的东方树叶"——小茗同学逊色这么多呢？其实，小茗同学，岂止是"加了糖"的东方树叶！

品类定位：冷泡茶的完胜

小茗同学一上市，就以新品类的面貌出现。"冷泡茶"的品类名称，被小茗同学放于商品的显著位置进行推广，并对该品类进行了充分的消费教育。冷泡茶相比 NFC 果汁，是一个好过 N 倍的好品类名称，它即颠覆了传统的热泡茶认知，引发消费者的好奇和关注；又通过品类工艺，给产品带来不一样的消费感知和卖点——清爽甘甜，苦涩不在。

东方树叶卖的是什么？东方树叶是品牌名称，传播上突出"茶的新生"，产品诉求"100% 茶叶自然抽取"，核心是在说产品创新。但产品创新需要一个新的品类来传达给消费者，而不是让消费者自认为东方树叶是不加糖的茶饮料。

没有为创新产品取一个新的品类名称，缺少品类定位是东方树叶的失误之一。

价值定位：小茗同学的情感沟通

小茗同学借势"小明滚出去"的网络段子进行品牌命名和网络传播，迎合年轻目标群体的个性；用"认真搞笑 低调冷泡"作为品牌传播口号，注重与年轻目标消费群体的情感沟通——搞笑。

反观东方树叶，其品牌价值并不明显，主要传播内容是"神奇的东方树叶"品牌故事，语言华丽而与消费者关系甚远。

小茗同学冷泡茶的成功，是双定位的成功，而非简单是加了糖的东方树叶。

二、农夫山泉·茶 π：开创果味茶品类，制胜茶饮市场

农夫山泉终于明白了，中国消费者还是喜欢甜味饮料的。

2016 年，农夫山泉的茶 π 推向市场，"一不小心"就火了，展现出随时要超越爆品小茗同学的强劲趋势。

茶 π 作为农夫山泉专为 90 后、00 后设计的一款轻茶饮料，光听名字就显得有点独具一格。为了迎合年轻消费群体的口味需求，农夫山泉在茶 π 中添加果汁成分，开创了新的茶饮品类——果味茶。

茶 π 针对 90 后群体的情感需求，提出"自成一派"的价值主张，一方面与

产品名称自成一体，另一方面暗示品类的开创者身份，同时，更是迎合了年轻人追求个性和自我的情感主张。

其实，茶 π 的果味茶品类并非首创，在此之前，柠檬味冰红茶已是行业主流产品，脉动等品牌也有系列水果口味。农夫山泉在此两者基础上，增加了西柚茉莉花茶、蜜桃乌龙茶、柚子绿茶等口味，组成果味茶系列产品，从而使果味茶成为了一个独立的品类。

何谓创新？创新不过是率先模仿而已！

农夫山泉通过茶 π 的品类创新和价值再造，一举扭转了小茗同学独霸年轻消费群体的局面，茶 π 销量日渐上升，可谓是双定位在茶饮料的又一成功实践。

核磨坊细磨核桃：4年10亿元的奇迹之策

一个全新的核桃露品牌，上市至今销量超过 10 亿元。在六个核桃一家独大，蒙牛、伊利、娃哈哈、今麦郎等众多大企业都难有作为的核桃露市场，他是如何做到的呢？

回到品类原点，开创品类定位

我们必须回到核桃露的品类原点，探寻消费者对核桃露的本质认知，才能找到前行的方向。

核桃露仅仅是依靠"经常用脑多喝六个核桃"这句广告语红火起来的吗?

经过深度调研和分析,我们发现了六个核桃火爆背后的逻辑:天时 + 地利 + 人和。

1.天时
2008年"三聚氰胺"事件,消费者特别是河北的消费者对牛奶行业产生消费恐慌,亟需牛奶的替代品,植物蛋白饮料与牛奶具有较强的替代关系,大品牌露露成为首选

2.地利
露露"趁机"提价,引起渠道商和消费者的不满。一直紧贴模仿露露的六个核桃,成为消费者"报复"露露的替代品

3.人和
2009年,六个核桃开展品牌策划,签约鲁豫代言,并进行"经常用脑 多喝六个核桃"的广告轰炸

六个核桃最早的诉求"含量多、营养多"& 六个核桃崛起的"秘密"

由此,我们不难得到一个推论:核桃露首先是植物蛋白饮品,而后才是"健脑"的植物蛋白饮品。

核桃露的品类原点是植物蛋白饮品,而最根本的品类利益源泉就在于"蛋白营养"。于是,我们回到 "蛋白营养",寻找开创新品类的方向。

从营养学上讲,对某种食物所含的蛋白质营养价值有三个评价标准:①蛋白质含量;②被消化吸收的程度(吸收率);③被人体利用的程度(利用率)。

通俗点说,蛋白质营养 = 蛋白含量 × 吸收率 × 利用率。

从某种程度上讲,六个核桃已经占据了"蛋白质含量"的高地(或许您不知道,六个核桃最早的广告语便是"更多核桃,更多营养")。而"利用率"则是一个非常科学化的概念,大众对其缺少深入了解。

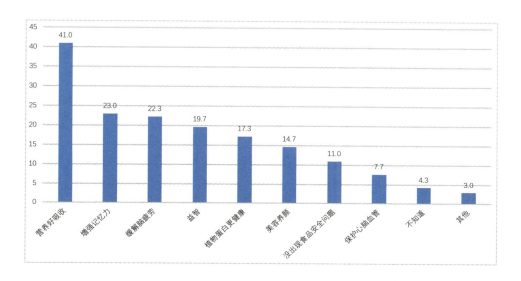

在消费者"为什么喝核桃露"的调研中，"营养好吸收"是首选

从营养学上讲，消化吸收是大分子转化为小分子，然后进入血液循环系统的过程。科学的解释，离大众太远。大众自然有大众的逻辑——细嚼慢咽，有助于消化吸收。细嚼慢咽好吸收的大众思维＋核桃露研磨的加工工艺，我们开创出"细磨核桃"这一新品类。磨得细，自然吸收就好！

聚集消费需求，创意价值定位

核桃露的重点群体是孩子、老人、病人等。他们的消化吸收系统或未发育完善或已有部分退化，对他们来说，好吸收、容易吸收是共同的需求点。

如何表达"营养好吸收"？

吸收率，口语化一点讲，就是"吸收程度"。

大众对"程度"的表达通常有三种方式：高度、深度和厚度。与"吸收程度"结合较好的有"高吸收""深吸收"。经过进一步分析和检索，我们确定了在蛋白饮品行业还没有其他品牌诉求过的"深吸收"。

"细磨纯浆深吸收"，成为细磨核桃新品类的价值诉求，转化为口头语，就是"细磨核桃，营养深吸收。"

创意差异包装，传达品牌价值

在包装设计上，我们大胆创新，采用清新淡雅的色调，契合细磨工艺的特色，在大红大蓝的同类产品包装中脱颖而出。

既然核磨坊细磨核桃的包装具有强烈的识别性，那我们的品牌视觉符号就把产品作为第一元素，全力展示品牌名称和产品形象，传播品牌最应该传达出来的东西。

核磨坊细磨核桃包装创意设计

任何成功的案例有三个不可逆：具体做法不可逆，当时情境不可逆，内部操盘人不可逆。任何案例都可以解析出清晰的逻辑和结构，要不只能称之为"点子"。细磨核桃的品牌价值体系打造，具有清晰的逻辑和结构：

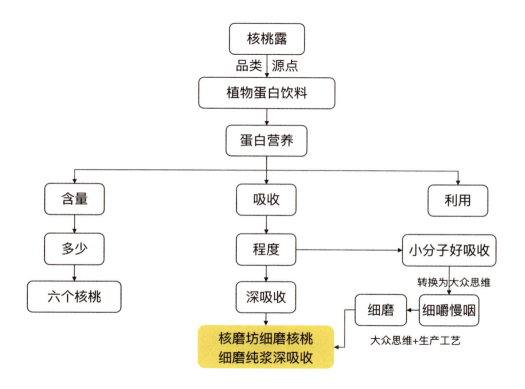

核磨坊细磨核桃的策划逻辑

只跟随、只模仿，缺少品类和价值的双定位，就不会有市场的成功！

细磨核桃从零起步，当年销量突破5000万元。截至目前，销售额累计超过10亿元，成功地在河北这个核桃露的红海市场生存并扎根，成为名副其实的"红海中的黑马"！

属

价 十 值

类

食品酒水

双定位战略

第四章：酒水行业的双定位营销实践

在社会经济环境和宏观政策不断变化的大环境下，任何行业都会经历周期性发展变化。白酒行业每一个发展周期的换挡，都意味着原有的思维和方法已经不能满足当时的环境形势。

当前，白酒的自我定价时代已经结束，酒企主导权面临颠覆，消费者更加注重体验和服务，酒企与消费者的关系成为未来消费价值产出的关键。从香型、年份、家国情怀到独特的"小我"，传统白酒的互联网连接之道，注定不平凡、不寂寞！

本章摘要

第一节 白酒行业营销理论的实践历程

2003 年以前，白酒行业经历了从计划经济到市场经济的转型，形成了初步的市场化运营操作，进入了典型的 USP 竞争阶段。

受制于消费者对产品和品牌的认知信息来源单一，各厂家找个卖点就围绕广告传播大做文章。"标王"秦池、"叫人想家"的孔府家酒等地方酒企闪亮登场，加剧了各厂家对关联资源的争夺——攀亲戚、翻典故、编故事、造历史。"杜康之争""武松打虎图之争"都是在这个阶段发生的。

在这个阶段，酒企和消费者对白酒品牌的认识也还停留在"知名"的层面，酒企对白酒品牌的打造简单粗糙——找名头吃"古人饭"，做"广告酒"见效快。酒企通过这种方式打破了信息的平衡，打通了注意力经济的命脉，成功地吸引了目标客户的关注，给其留下深刻的印象。

没有明晰的战略思维指引，大多数酒企采取"用一个喇叭，一句话重复千遍万遍"式的传播，找卖点但没有品牌根基和价值基础。

21 世纪以后，众多酒企开始醒悟，思考如何在市场中脱颖而出，形成核心竞争力。由此，开启了白酒行业的百花争鸣、影响深远的"黄金十年"。

2003-2012 年是白酒行业的"黄金十年"，也是品牌营销快速发展的十年。在此十年间，白酒产业创造了巨大且非凡的成就，积累了宝贵的财富，为未来白酒产业的可持续发展奠定了坚实的基础。

白酒产业实现了初步集中，主要产区地位形成并巩固；产品结构调整初见成效，产品初步完成了向上拓展，高、中、低端产品结构更加丰富；白酒产业链初步形成，围绕白酒主营业务形成的包装、设计、咨询、传播、农业深加工等产业链已经具备一定程度的竞争力；餐饮消费和商务消费快速崛起，整个行业从品牌、产品、渠道、促销、运营体系等各个方面都有了长足的发展和质的变化；外部资本加大投入，推动了白酒产业结构调整，集团化发展迅速，同时，促进了白酒产业科技进步、营销现代化、管理现代化等多方面的发展。

白酒品牌塑造上，从"找卖点"到"找差异"，八仙过海各显神通，差异找得分毫析厘，无微不至，做窖藏、年份、封坛、品类、香型、古迹、古人、文化、情怀等，贡献了众多精彩纷呈，脍炙人口的案例。

但是，很多企业也走入了"泛品牌化"的误区，将差异等同于品牌，甚至等同于品牌名称，把日常口头化和表面化的情感表达，比如"升官、发财、长寿"等，当做差异品类；将品牌核心价值虚无化，利用噱头与讨口彩在市场上自我欣赏，还津津乐道为"情怀""文化"。

2013 年后，中国消费进入了新中产模式，在消费升级的新趋势下，80 后、90 后逐步成为白酒的主力消费群体。据调查，20~45 岁的用户 84% 都在接触新媒体，55% 的高端消费者通过互联网广告获取酒类广告信息，白酒营销的互联网化转型势不可挡。同时，随着消费人群的演进和技术的变革，白酒的商业逻辑也在重构，互联网 + 、跨界、大数据等题材背景下，白酒已经不是原来的那个白酒了。

各家酒企做了大量实践，从不同角度诠释了互联网时代的白酒，"众筹、社群、生态布局"为核心的肆拾玖坊；文案扎心，文艺范十足的青春小酒"江小白"；向工匠精神致敬，自称大数据 + 智能创造的互联网产品——"三人炫"……一波又一波的互联网白酒热浪，推动了高涨的情绪，催热了各种热点题材。白酒圈不知何时出现了这么多会讲故事，有这么多奇思妙想的人。

总之，白酒的自我定价时代已经结束，酒企主导权将面临颠覆，充分的市场竞争将使价格更透明化、渠道更扁平化。同时，消费者更加注重体验和服务，酒企与消费者的关系成为未来消费价值产出的关键。

第二节 洋河蓝色经典的品牌经典之作

在 BrandFinance 发布的 2017 年全球最具品牌价值 500 强榜单中，中国白酒行业有洋河、茅台入选。在 2017 全球烈酒品牌价值 50 强的排行榜中，洋河以 42.81 亿美元的品牌价值紧随茅台之后，位列全球第三位。

洋河蓝色经典，成就了白酒行业的经典之作！

　　在洋河刚推出蓝色经典的时候，估计谁也没有想到在"大好河山一片红"的白酒市场上，独树一帜的"蓝色经典"竟然会有如此表现。当时，认为洋河动作莫名其妙的大有人在，即使在今天，依然有不少人不能理解洋河的蓝色系列到底好在哪里。

　　洋河蓝色经典的品牌创新方式，完全脱离了行业流行的单一强调文化、历史、传承的品牌打造方式。但蓝色经典确实成功了！

　　洋河蓝色经典到底做了什么？或是说做对了什么？

跳出香型说口感，实现品类创新

　　洋河通过对近 8000 人次进行口感测试，了解当时不同层次的消费者的真实想法，从中发现他们未被满足的全新需求，综合分析后得出如下结论：白酒在人们交际中发挥着重要作用，有时单人的饮用量比较大。消费者饮用白酒后，最大的不适感主要是头痛，其次是口干舌燥。白酒消费市场迫切需要开发"低而不淡、高而不烈、绵长而尾净、丰满而协调、饮后特别舒适"的"绵柔型"新产品。

　　洋河跳出了行业普遍采用香型塑造新品类的做法，通过技术工艺创新，成功创造了"绵柔型"白酒新品类。

品类创新，是洋河蓝色经典成功的基石。

跳出历史话情感，实现价值创新

洋河摆脱了白酒品牌常用的诉求品牌历史的传统做法，转而从情感的制高点打造品牌价值。"男人的情怀"是价值诉求，最终成就了一个经典的品牌主张。通过从"男人的情怀"到"中国梦，梦之蓝"的诉求升级，以及对"蓝色、博大、情怀、海天梦想"等多个品牌要素的诠释，洋河蓝色经典不断创新、丰富品牌内涵，向人们传递梦想和责任，从而实现了品牌升级。

跳出卖点打差异，提升价值表现

产品包装上从传统的红色、黄色到开创性的蓝色，洋河蓝色经典在白酒行业内打造出了差异化的品牌视觉，给消费者带来了全新的、时尚的品牌体验。

在品牌传播上，洋河蓝色经典从传统方式转向整合传播。2008 年赞助北京奥运会、2015 年抗日胜利 70 周年的大阅兵直播赞助、2016 年成功入选 CCTV 国家品牌计划、连续赞助央视春晚、成为杭州 G20 峰会选用酒……洋河蓝色经典打出了持续性、全方位、立体化的品牌传播组合拳。

洋河蓝色经典的成功密码

在市场销售、广告传播、社会活动等要素的交互作用下，蓝色经典已成为洋河的代名词，其所代表的"男人情怀、海天梦想"的精神诉求，也越来越能相对独立地发挥出更多、更大的品牌势能，成为与消费者沟通的重要精神语言。

即便如此，我们依然不能将洋河蓝色经典的成功简单地归纳为精神诉求的成功。

蓝色经典跳出了传统的品牌塑造思路，在市场实践中，从品类和价值两个方向进行精准定位，这才是蓝色经典的成功密码。

品类定位上，站在消费者角度进行分析，不讲专业道理，跳出原有香型的藩篱和约束，抓住"第一口"，从"香"转到"味"，要喝酒就要在味觉上下功夫，用味道征服消费者。绵柔型白酒——洋河蓝色经典跳出"香型"，在口感上划分了一个基于满足消费者痛点的新品类。

价值定位上，没有炫耀"八大名酒"曾经的辉煌；没有讲述"如有雷同，纯属巧合"式的美人泉故事；没有标榜唐朝的盛名；更没有把传统浓香型白酒的老五甑续渣法当成法宝。洋河蓝色经典站在消费者的角度进行分析，追逐时代和消费者的变化，把酒定义为一种与顾客进行情感交流的工具，与顾客在精神层面上产生对话和共鸣的载体，突出情感上的体验和感受。

针对白酒的主流消费者——成年男性，洋河蓝色经典描绘了现代成功人士所追求和渴望的情感诉求，"世界上最宽广的是海，比海更高远的是天空，比天空更博大的是男人的情怀"——这句广告词巧妙改编自雨果的名言，以海洋的宽广和天空的高远来衬托"男人情怀"的博大。蓝色的品牌文化所表达的是宽容博大的心境，将梦想与成功、梦想与无限、有梦想就有未来紧密相连，从而形成了蓝色经典特立独行的价值定位。

站在消费者的角度，进行基于品类定位和价值定位的品牌塑造，才是洋河蓝色经典的成功之道。

由此观之，白酒品牌仅仅想凭一句类似"男人的情怀"的广告语来复制蓝色经典的成功，这种想法未免太简单了。

第三节　江小白，白酒行业的一阵清风

随着互联网的快速渗透，"互联网＋"决不会只停留在白酒营销渠道的搭建上，它已然渗透到白酒生产经营的各个环节和方面，起到巨大的甚至不可或缺的作用。互联网给白酒行业最大的冲击其实就是回归本质——酒还是那个酒吗？

所有酒企应该感谢这个充满不确定的互联网时代，有了重新审视行业、企业和消费者的机会，让不可能成为可能，完成了行业新时代的启蒙教育。

江小白的目标人群非常清晰——80后、90后的年轻人，这是一个大胆也是匪夷所思的决定。正是这个业内人士"选择性遗忘"的群体，激活了无限的创意和想象。众所周知，白酒行业文化底蕴深厚、品类单一、创新难度大、品牌稀缺、培育不易，行业集中度低，竞争激烈，如何撬动逐渐进入主流社会的年轻消费群体是江小白的破局关键。

总体来讲，江小白主要做对了两件事。

首先，品类上标新立异，开创"青春小酒"新品类。

白酒历史源远流长，分类名目繁多。按酒香型可分为：浓香型、清香型、酱香型、兼香型等，而且有点规模的酒企都爱在香型上造类，不断推出新香型。按酒曲又分为五大类：有麦曲、小曲、红曲、大曲、麸曲等。

江小白如何跳出传统香型、口感、工艺等俗套类别，进行品类上的创新呢？

品类，超出想象。其本质就是一个自己能够站住的"维度"，在这个"维度"上占据消费者心智，从而占据竞争优势。一个"青春小酒"的品类标签轻轻松松地完成了目标消费者的聚焦，自然不刻意，轻松不简单，颠覆了传统白酒的定义。

首先，品类定位就是身份定位。简单来说，就是用一个词语或一句话去定义品牌的身份，这个身份越具象越好。青春小酒响亮地回答了"你的身份定位到底是什么"的问题。这个问题貌似简单，实则大道至简，因为越是顶层战略问题，越需要回答常识问题，就像我们每一个人，你要想在这个社会上成就一番事业，你也必须回答"你的身份定位到底是什么"。

其次，价值定位上跳出传统文化、历史、名人的局限，真正站在年轻消费群体的角度看白酒，分析其存在价值，最终聚焦与年轻消费者有共鸣的生活态度。

小白是年轻人对于自我认知的一种自嘲、自谦，我是某一方面的小白，是谦虚的态度，实际上内心又比较自信。江小白就是希望代表这样一种生活态度，品牌理念是简单纯粹，所以把产品的特性和品牌的调性有机统一起来，其核心价值就是"我是江小白，生活很简单"的一种简单生活理念。

站在双定位的角度看，江小白的成功来源于对品类定位的创新和价值定位的精准。

在品类角度，找到了竞争对手没有占据的、自己能够满足的、年轻消费人群实际需要的最佳结合点，江小白占据了最有利的维度，形成明显的竞争区隔，在重新划分的细分市场里不断强化和巩固品牌核心竞争力。

在价值角度，充分利用了白酒本身独特的社交属性，将"简单生活"的品牌理念表现得淋漓尽致，用户创造、团建用酒、一生一世的酒、江小白小酒馆等一系列以社交和独特个性表达为核心，打破了原有价值理念的难以传播、难以产生共鸣的固有顽疾，成为现代互联网白酒的代表品牌。

杜康封坛酒，承愿成价值

封坛酒新概念的集体狂欢

2012 年年底开始，在政府限制三公消费的大环境下，"黄金十年"的中国白酒行业突遇寒冬。茅台、五粮液两大旗帜企业高端产品降价、推出"腰部"产品等举措，让其他白酒企业雪上加霜，哀嚎连连。

虽然"年份酒""原浆酒"等概念泛滥，但白酒业深陷"概念营销"中无法自拔。2014 年，"封坛酒"成为了白酒业的新概念。

国窖 1573 全国巡演"生命中那坛酒"、洋河举办"洋河封藏大典"，推出梦之蓝封坛酒……白酒行业开始上演封坛酒的集体狂欢，新一轮的"概念大战"一触即发。

不得不承认，封坛酒是符合白酒储藏特性的，通过封藏，可以实现酒质的完美醇化，愈久愈浓，愈久愈香，所谓"美酒藏三年，丑女赛貂蝉"。

但是，封坛酒仅仅是一坛封藏的美酒吗？从当时大多数酒企推出的封坛酒来看，答案好像是"是"。从泸州老窖的国窖 1573、茅台、杜康、洋河梦之蓝的封坛酒来看，其诉求都是在"酒"上——用特殊的窖池酿造、长时间封藏、酒质独一无二等，甚至号称封坛酒是一坛"可以喝的古董"。其目标消费群主要集中在高端人群，价格上也处在普通消费者高不可攀的层级。

封坛卖酒，死路一条

如果封坛酒只卖"酒"，注定是死路一条。

其一：消费者凭什么改变消费模式？消费者为什么不在用酒时买瓶装酒，而要先花大价钱买上一坛几十升的封坛酒，然后在需要用酒时还要提前预约取酒？这样做，费时费力，何苦呢？

其二：如果封坛酒只卖酒，那么消费者为什么不买瓶装的年份酒、原浆酒，而跑到酒企封藏一坛封坛酒？

其三：如果封坛酒只卖酒，消费者凭什么买国窖 1573 的而不买洋河的封坛酒？是基于这些品牌在瓶装酒打造出的品牌知名度还是基于这些品牌的封坛酒具有较高的差异度？

其四： 封坛酒凭什么卖高价？国家政策导向之下，高端酒之前的消费群体惧心十足，价格"跌跌不休"。从瓶装变成"坛装"的马甲，仍然诉求酒质的封坛酒就能支撑那么高的价位了？

……

总之，如果封坛酒仍处在卖"酒"的层面上，封坛酒注定像年份酒、原浆酒一样，不过是一个营销的概念词。当酒企一拥而上时，便陷入价值低谷之地。

封坛酒的价值到底在哪里？

封坛之价，贵在"封"字

当然，封坛酒的产品内核仍然是酒，作为一款针对高端消费人群的产品，封坛酒的酒体必须是差异化的、有独特价值的，就像酒企宣传的"酒体具有稀缺性、独一无二性"等。

但是，如果只卖酒，就如上文所言，"封坛"就会变成附着在"酒体"之上的概念词，其价值度必将慢慢褪色。

如果封坛酒不卖"酒"，那么它应该卖什么呢？

封坛酒，字面上直观的理解便是"将酒装在坛子中进行封藏"。在古代，白酒都是封装在酒坛中的，"酒"字本身，其右边的"酉"字，本意就是"酒坛"的意思。"朋友来了有好酒"是一句广为人知的歌词，也是古往今来的待客之道。不过，现代人最熟悉的方式是立马买来几瓶酒款待客人。然而，古时人们最崇尚的则是拿出自己封藏多年的酒，并以此表达心意，这种情节在许多小说史话中都有记载。

可以说，封坛酒与普通瓶装酒相比，其最大的差异在于将白酒封藏一段时间后再喝。"喝"是白酒的共性，"封藏"才是封坛的特性。在"封"上进行封坛酒的价值塑造，使其与瓶装酒形成鲜明的价值差异，给目标消费人群提供足够的购买"封坛"酒而不是封坛"酒"的理由，是各大酒企推出封坛酒必须考虑的问题。

如何在"封"字上做文章？

封坛承愿，唯有杜康

消费者购买封坛酒，先进行封藏，然后用酒时再喝。这个封藏的过程，一是时间的积淀，二是为未来而喝。未来，多么美好的一个词！未来，意味着期盼；未来，代表着梦想；未来，代表着一份美好的心愿。杜康封坛酒的封藏，不就是封藏这一份对未来的期盼与美好心愿吗？！

封坛是什么？封坛是将对自己、对家人、对师长、对朋友的一份美好的心愿和祝愿封藏在酒中，在时光的积淀中，静静期待心愿的实现。封坛，就是承载了这样一份心愿与祝愿。

"封坛承愿"，杜康封坛酒的心理和精神价值诉求脱颖而出！

"愿"是什么？"愿"是人们对未来的心理安慰与希望寄托，人之所以活着，就是因为心中有"愿"——平凡人有愿，祝福家人幸福，身体健康；影视明星有愿，期盼票房长虹，星途永灿；企业家也有愿，希望基业长青，愿销售目标达成……

人之所以活得精彩，是因为"愿"的崇高。从"愿"的层面上进行心理和精神层面的诉求，杜康封坛酒也拥有了无限的价值空间。

封坛承愿，本身就有文化原力

古代的封酒，离我们已经很遥远了，但庆幸的是，在江浙一带还有一种酒保留了封酒的基因，那就是绍兴的"女儿红""状元红"。女儿红，是生了女儿时酿酒埋藏，嫁女时掘酒请客；状元红，是生男孩子时酿酒埋酒，盼儿子中状元时庆贺饮用。女儿红、状元红的封藏过程，表达了家人对儿女未来生活的美好意愿，具有强烈的历史感、文化积淀感和珍贵性。

女儿红、状元红的美好寓意，也是杜康封坛酒"封坛承愿"的文化原力。有此基础，"承愿"的诉求也就有了证明，有了可信性！

封坛承愿明确了杜康封坛酒的品牌价值。但是，"封坛"是产品形态的共性，而"愿"又是每个品牌都可以诉求的方向。杜康封坛酒核心价值的打造，还需要进一步的工作——把具有无限价值的"愿"，打造成杜康封坛酒所独占的诉求。

首先，在品牌传播口号中体现出来

"何以解忧，唯有杜康"已成为千古名句，几乎无人不知，无人不晓。嫁接此千古名句，杜康封坛酒的传播口号自然而然地产生了——"封坛承愿，唯有杜康！"这句品牌传播口号借助成熟的句式，既彰显了力度，又利于记忆和传播，自然是不二选择。

其次，还是要回到"杜康"字眼上来

杜康是酒祖。在中国的传统文化中，"祖"是具有神化意义的。作为人文始祖的伏羲女娲传说是雌雄同体；作为厨师鼻祖的彭祖，传说寿命达 800 多岁；木匠的始祖鲁班，传说八仙中的张果老曾骑驴走过其修建的赵州桥……酒祖杜康，同样具有"神"的元素。杜康酒厂附近的杜康庙，一直香火不断，是附近人们祈福的重要庙宇。

从"酒祖"这个意义上讲，只有神化的酒祖，才能保佑人们"心愿""许愿"的实现。如此"酒祖杜康"天生便成为了"封坛承愿"的价值背书，支撑并锁定了"承愿"的价值。

杜康封坛酒

跳出"酒"，关注"封"，着眼于"心理和精神"进行杜康封坛酒品牌价值的塑造。"封坛承愿，唯有杜康"，一方面体现了封坛酒的特性，另一方面也锁定了杜康品牌的独特内涵和价值。

酒祖杜康　封坛承愿

酒祖杜康，天赐琼浆，欲醉如仙，意达九天；
黄帝祈愿，杜康封坛，把酒祭天，华夏开元。
千古帝王，承袭盛典，拜祖封坛，世代扬传；
盛事预封，佑我所愿，功成开坛，畅饮言欢。

景芝酒业，开创芝麻香品类，成就区域龙头

以上的三个双定位营销实践案例中，企业从口感、包装形式、消费群体三个不同的方向开创了新品类，取得了巨大的成功。在传统的香型方向上，难道就没有开创新品类的可能性了吗？

景芝酒业，在香型上进行品类创新，成就了鲁酒的龙头品牌。

受"标王"事件影响，鲁酒企业几乎全军覆没，整体常年处于失语状态。景芝受池鱼之殃，品牌价值难以彰显。

光华博思特通过对景芝酒业优势的细细挖掘，发现了景芝酒一个极为有利的价值基因——景芝酒拥有独特的芝麻香型白酒工艺。只是与浓香、酱香、清香等大品类香型相比，芝麻香影响力极弱，企业也不重视，大多数消费者也不知道有芝麻香型。

开创一个具有影响力的新香型品类，将芝麻香型打造为景芝酒突破市场的一把尖刀，关系到景芝酒业的价值再造，关系到鲁酒板块的形象再造。

由此，我们开展了一系列的公关活动，由中国商务部酒类流通管理办公室和中国白酒协会共同举办的"中国芝麻香型白酒代表授牌仪式"上，芝麻香型代表的金牌被授予景芝酒业。

景芝酒业的芝麻香型获得了行业的正式认可。

如何让高端白酒消费者也迅速认知芝麻香型，认可景芝酒业呢？我们采取并联定位策略，设计了上千个小型陈列酒柜，里面并排着四瓶酒：酱香型白酒代表品牌茅台、浓香型白酒代表品牌五粮液、清香型白酒代表品牌汾酒、芝麻香型代表品牌景芝。上千个酒柜陈列进入了高端酒店的包间内，即作为产品展示，又作为酒店的陈列柜。

当消费者看到景芝代表芝麻香型与茅台、五粮液、汾酒三大香型代表品牌并肩而立时，芝麻香型这一新品类被消费者快速认知，芝麻香型的价值感也因与茅台、五粮液、汾酒平起平坐而价值倍增。

在群雄逐鹿的中国白酒市场，景芝酒业凭借芝麻香型白酒的品类创新和并联定位策略，成功塑造为芝麻香型的代表品牌，跻身茅台、五粮液等贵族名酒行列，创造了鲁酒品牌成功升级的奇迹，成就了鲁酒龙头品牌的地位。

洋河蓝色经典在口感上开创新品类，在情感层面塑造品牌价值；杜康封坛酒在包装形式上打造新品类，在心理层面塑造品牌价值；江小白在消费群体层面开创新品类，在生活理念层面塑造品牌价值；景芝酒业在香型上开创新品类，在区域情感上塑造品牌价值。成功的品牌虽然表现形式不一样，但底层的出发点——双定位，却是相同的。

食品酒水

双定位战略

第五章：休闲食品的双定位营销实践

本章摘要

　　休闲食品是互联网时代的宠儿。食物休闲化，休闲潮流化，从十多年前的品类少、品牌少、渠道散到近几年的品类丰富、品牌崛起、渠道升级，从无品类初级竞争到品类＋价值双定位竞争，休闲食品逐渐成为新的食品创新领地。

　　通过双定位的战略思想，分析现有几大品牌在快速崛起背后的成功逻辑，我们可以发现行业扩张的主线和新的行业竞争机会。

休闲食品行业最近几年备受关注。

数据显示，我国休闲食品行业年产值由 2010 年的 4014 亿元增长至 2017 年的 9191 亿元，年均复合增长率达 12.56%，且预计 2018-2020 年仍将保持高速增长，由 2018 年的 10297 亿元增长至 2020 年的 12984 亿元，年均复合增长率达 12.29%。

在这种逐渐成长的过程中，休闲食品行业不断丰富的品类为各品牌赢得了更大的回旋余地，可以通过进入新的属类来避免直接竞争。目前来说，几大已经形成市场影响力的小品类仍然只有一家或两家品牌企业，剩余的品类仍然处于产品竞争、杂牌竞争的阶段。

休闲食品品类与价值发展主线

第一节 单品类驱动品牌：品牌价值特色化

最初，在物质匮乏的时代，企业往往聚焦于单一品类。这个阶段的单品类，主要依托于某一单产品，并逐渐丰富为不同口味。瓜子作为物美价廉的大众休闲品，是一个典型。随着生活逐渐富足，仅仅一粒瓜子的品类就衍生出多口味、众多特色。产品的卖点逐渐被充分挖掘，而品牌价值，就成为另一个可以吸引消费者的点。

开局一粒瓜子——洽洽、沙土

"洽洽"瓜子发力打市场的时候，已进入一个新的千年，休闲食品逐渐丰富，仅仅定位于卖瓜子是不能打动市场的，必须做一粒有特色的瓜子。于是，就有了"香瓜子"这个品类，并且提出了"改炒为煮，与多种有益于人体健康的中草药……"等工艺特色。品类这个东西很神奇，当产品可以支撑的时候，它反复传播就成为消费者的普遍感受。洽洽香瓜子的"香"逐渐就成为洽洽独具的品类识别。

洽洽的问题在于，产品价值点不清晰——"开心，快乐，健康，回味"都出现在宣传中，不聚焦就等于没有明确的价值，没有明确的价值就导致品牌只有口味忠诚，缺乏品牌忠诚。那么，在洽洽推出其他产品线时，就缺乏价值线贯穿，必须重新宣传。在粉丝文化、社群运营成为消费者聚合动力的时代，洽洽要想进一步提升品牌影响力，必须解决品牌价值定位问题。

沙土瓜子寻求品牌重塑的时候，中国的瓜子市场、休闲食品市场已经是百花齐放，新的互联网渠道和升级的消费者需求给沙土瓜子带来了严峻的生存压力。沙土瓜子作为带有浓郁地方特色的品牌，意识到需要面向全国市场找准自身定位，才能应对互联网冲击。公司团队找到了外脑博思特对品牌进行了双定位，为品牌的发展明确了两个关键问题——第一，沙土瓜子是什么瓜子？在各大瓜子品牌重点强调瓜子的口味、工艺的包围圈中，沙土瓜子原有的"喝茶瓜子"虽然提出了消费时机，但并不独占。市场调研中发现了一个消费者非常关心却没有解决的问题：许多品牌的瓜子都有数量不等的空心。而瓜子的仁实不实，有没有空心，直接反映出瓜子的质量，也反映出品牌选料的严格程度。经过论证，项目组提出了"沙土实成瓜子"的品类定位，并且通过选料、工艺和历史资源等进行有力支撑。第二，消费者为什么要购买沙土瓜子？"实成瓜子"背后的价值是什么？是"实诚"！于是，品牌明确了"人实诚，仁实成"的价值定位，突出"瓜子'实成'，卖瓜子的人'实诚'"的品牌人设。下一步，如果这样的品牌定位可以被坚持，并通过持续优化消费者体验来丰富品牌价值，沙土瓜子有希望在全国市场有所作为。

洽洽的美味与回味，价值不聚焦

沙土实成瓜子——人实诚，仁实成

变味的糖——大白兔奶糖、喔喔奶糖

大白兔奶糖可以说是中国第一代国产糖果的代表。至今，大白兔几经转手，价格涨了又涨，味道也变了又变，曾经的孩子长大了，仍然有人在各种渠道寻找自己小时候吃过的那颗大白兔奶糖。这就是大白兔奶糖多年前累积的品牌魔力。

而当我们今天去找大白兔奶糖的相关资料时，竟然惊讶地发现，这颗诞生很早的奶糖，竟然很早就具备了双定位意识。大白兔奶糖明确定位品类"奶糖"，而价值定位"奶味浓郁、营养丰富"。并且它不光是口头这样讲，"七粒大白兔奶糖，能兑一杯牛奶"，类似这样的口碑，都在不断强化它的营养丰富。

也许有人会说，大白兔产生的时候市场竞争不激烈，那为什么众多的糖果，人们偏偏抢购大白兔、回忆大白兔，而且其品牌一直影响到了今天？关键还在于大白兔奶糖专一的品类定位和长期积累的营养价值。没有专一定位，大白兔奶糖很可能早就淹没在花花绿绿的糖果堆里了。没有价值定位，大白兔奶糖就停留在了直观的口感层面，很容易被其他新推出的口味所替代。

对照来看，另一颗曾经红极一时的喔喔奶糖，我们就更能感受到属类与价值双定位的重要性。喔喔奶糖为什么衰落？为什么没有延续曾经的大好势头？在这里我们暂且不谈公司的运营和市场环境的变化，仅仅拿一包喔喔奶糖来看，它的品类名称几经变化，从喔喔奶糖到喔喔360奶糖，再到与小黄人合作，它的形象虽说越变越时尚，但却变得面目全非。

对于曾经的粉丝来说，喔喔奶糖好像不是当年的样子；对新粉丝来说，看不到大品牌的信心和底蕴。另一个很重要的问题，我们为什么要吃喔喔奶糖，是"好吃""超好吃"吗？曾经的"好吃就说喔，喔喔奶糖"很可爱，但在好吃的糖果这么多的新时代，那些购买喔喔的人显然买的不是"好吃"，他们买的是"童年""童真"这样的价值。有些品牌的价值是历史独有的，如果轻易放弃，它将变成路人。假如真想做完全的时尚，不如采用多品牌策略，千万别弄丢了老品牌的价值。

第二节 品类系列驱动品牌：品牌价值风格化

随着休闲食品产品线的丰富和市场竞争的激烈化，企业在打造一款强势品类之后，往往借势开发系列品类，形成产品矩阵。在这种形势下，品牌的品类定位往往要求有更大的延伸性和包容性：可能是大品类套小品类，或者大品类下有多产品。而价值定位也逐渐从普遍情感变得更突出品牌风格。

在这个阶段，品类系列逐渐细分，形成品牌风格。比如从产品类型划分的坚果系列、糖点系列、现制糕点系列等；从口味类型划分的辣系列、海鲜系列；从场景划分的每日坚果等；还有按人群划分、热量划分、地域划分等品类系列。

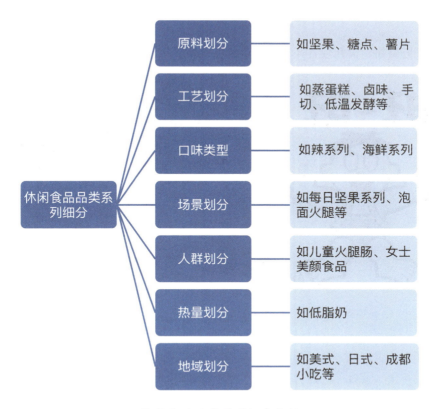

休闲食品品类系列细分分析

徐福记的新年糖，撕开了糖点的口子

徐福记能持续红火，且霸占各大超市专柜至今，除了产品优势和独到的经营之外，从战略层面来看，徐福记很擅长玩定位，并把定位与企业战略结合起来。它最早提出的"新年糖"概念，抓住了糖果市场最大的消费时机，也撕开了糖果市场的大口子，并且赋予了糖果新年的喜庆价值。这个概念，让那些过年时必买糖，但不知买什么糖的人形成惯性消费——过年总少不了徐福记新年糖！新年糖这个品类被市场接受了，对于品牌旗下的其他产品来说，这是开路先锋。除此之外，徐福记还有更宽的产品线规划，它将品类定位为"糖点"，并覆盖了旗下各大产品，也是企业明确的产业路径。可惜的是，徐福记的价值定位一直没有明确，也没有通过营销活动聚焦出来。为什么要买徐福记？是福气？还是喜庆？或者其他？解决了这个问题，消费者对徐福记的忠诚度会再上一个层级。

旺旺雪饼、大礼包打开"旺"市场

旺旺大礼包打开"旺"市场

而另一个价值定位非常明确的品牌——旺旺，多年来以"旺"的价值定位全面进入各大休闲食品，在各种需要讨个好彩头的场景、节日，旺旺几乎必备。比如你旺我旺大家旺，礼旺人更旺，中国旺旺，各种各样的旺，完全吃透了中国人吉利文化的心理。并且，这样的价值定位还影响到了广告风格。看旺旺的广告，总有欢乐，并有魔性的场景代入感。这就是价值定位所影响的传播基调。另外，

这样的价值定位还串起了旺旺的系列产品线。试想一下，没有这样的价值定位连接，花样繁多的旺旺大礼包如何产生那么独特的礼物价值呢？

品类定位层面，旺旺凭借雪饼一个单品集中发力，打开了市场局面，此后，旺旺品牌广泛涉猎休闲食品，其特有的大礼包形式将多种新产品打包放入，这既拉动了多产品的销售，也满足了礼品消费场景，与"旺"的价值定位相得益彰，体现出双定位的强大品牌力。值得关注的是，旺旺集团旗下的酒水、日用品等都采用了其他品牌，确保了品牌识别的聚焦。

不是所有的辣条都叫卫龙，走了一条"辣"字号

仅仅这句广告语，我们就已经感受到了浓浓的熟悉味道。是的，不是所有的牛奶……所以同样，卫龙也开创了一种辣条属类——hotstrip，品牌是卫龙。而其他辣条，都叫做辣条。不只在产品属类上卫龙不带其他辣条玩，在价值层面上，卫龙也不谈辣条，它说"吃的不是辣条而是回忆"。这就让其他辣条尴尬了。

通过双定位策略，卫龙在原本没有进入品牌竞争的辣条领域，直接树立起了高高的品牌墙。后来的辣条品牌，如果仅仅做产品定位、情感定位或人群定位，都难以超越卫龙竖起的壁垒。

7

Hotstrip 7.0
改变食界，条条是道。
9月13日起售 >　限500份 >

或现在就前往Hotstrip7单品页面加入购物车

全新上市

策略先行。围绕双定位策略，卫龙的产品设计与推广都有了清晰的主轴。它的产品直奔苹果的高端质感，而整个推广的风格和走心程度，都不断敲打着一代人的回忆。

辣条单品突围成功以后，卫龙的产品线也沿着"辣"味扩张，其属类定位也及时从"辣条"上升为"中国辣味休闲食品领导品牌"，这个时候我们再次看到了双定位的优势。因为价值定位包容力较强，即使卫龙没有提出新的价值主张，但原有的"回忆"价值具有很好的延展性，这份价值让卫龙的品牌延续了一种独特的风格。

第三节 品类品牌到渠道品牌：品牌价值体验化

在产品线丰富的同时，渠道也在丰富。从线下到线上，从零售、商超、到专卖店、电商再到新零售，产品伴随着渠道改革一步步向人逼近，渠道的价值也进一步凸显。有些品牌逐渐从品类品牌走向渠道品牌。这类品牌往往更重视拉近与消费者的距离，重视消费体验。

好想你，单品系列驱动专卖店

作为 20 世纪 90 年代诞生的品牌，"好想你"的品牌命名，为品牌奠定了情感价值营销的基调，与价值定位融为一体。因此，当年好想你拼了 8 年要打商标战，并在打赢商标战后，迅速变更了公司名称。这一方面是因为"好想你"逐渐积累的品牌价值，另一方面也是因为这三个字背后天然的价值共识。

在产品定位层面，好想你从爆款枣片到系列枣加工品，逐渐扩大产品线，再到开专卖店、加盟店，逐渐将品类影响力转移到渠道影响力。好想你的特色在于

产品线以枣的深加工产品为主，独具特色，在相关的行业标准、新品研发方面，将枣的深加工做在了行业的前列，让品类定位真正贯彻到企业战略和运营层面。

三只松鼠 PK 百草味，线上与线下的殊途同归

在零食界异军突起的三只松鼠，首先无疑是因为选对了一个品类——坚果，一个前期没有被大众高度关注的市场，这是一个竞争对手还没有成长起来的赛道，短时间内竞争阻力较小。设想一下，如果三只松鼠一开始就选择零食全品类，那么不仅竞争压力大，也很难集中全力做成爆款。但仅仅选对了品类，就能阻止后来者跟进吗？单纯品类的竞争段位太低了，没有情感的连接，消费者发现更好品质、更高性价比的产品时，很快就会转移。

松鼠小美、小贱、小酷代表的三只松鼠，其背后的策略是属类＋价值的双定位。三只松鼠在品牌最初定位时就提出"差异化，让人一看就想到坚果"。同时，三只松鼠非常聪明地察觉到了互联网时代"萌"文化的崛起，塑造了"三只松鼠"这个萌 IP，并不断通过玩偶、手游、动画丰富品牌价值，赋予"主人"独特的吃货体验，用价值圈定了大批爱好松鼠文化的"主人"。某种程度上说，"三只松鼠"的价值定位不是用一个词语表现的，而是用各种细节营造出来的。走红之后，三只松鼠想要跳出坚果这个小品类，成为"零食的代名词"。因此，品项也不断丰富。其实这种扩大对于一个依靠坚果小品类快速爆发的品牌有一定风险，毕竟会稀释品牌原有的认知。但是幸好，三只松鼠提前进行了双定位布局，在该品牌进行品类扩张时，品牌价值保持一定的稳定性，并延伸覆盖了新的品牌定位。在这种局面下，双定位的"价值"无疑成为品类拓展的稳定器。

现在的三只松鼠，品牌已具备一定的影响力，也看到了渠道的反控力。因此，开始布局新零售实体体验店。一个线上品牌做线下店怎样才能快速突围？三只松鼠特有的"萌"与"主人"人设似乎成了一大亮点，顾客的体验也有了很多丰富的探索，但究竟是"萌""酷"还是……？逐渐向实体零售介入的三只松鼠，需要对这种新零售的价值进行重新定义，这样才能更好地为他们的新零售画像，更好地进行商业创新。

而另一家起步很早的百草味，定位于趣味零食探索家，属类和价值定位不是很清晰。虽然很早就从线下门店起步，但在更讲究定位和爆款营销的互联网环境下，"趣味零食"的定位显然缺乏产品层面的支撑，其概念也难以深入人心——以至于消费者想到买坚果，容易想到三只松鼠；而想到吃零食，则会想到很多零食品种，偏偏很难想到吃趣味零食——百草味。在价值层面上，早期的百草味相对重视力度不够，没有在产品之外建立起消费者的价值认同，这导致品牌不得不长期陷入价格战、流量战和促销战，难以形成品牌黏性。近几年，百草味意识到了品牌在价值层面的缺失，并把5月17日打造成了"吃货节"，在情感上与吃货们建立了一座桥梁，也为品牌打造了新的增长点。

随着电商集体盯上新零售，百草味也开始转向新零售，与好想你的联姻，目的也在于寻找新零售的出路。线下店的优势在于体验，在三只松鼠、良品铺子、来伊份等品牌全部向线下要增长的情况下，百草味要为消费者提供怎样的体验？这依然有关品牌价值，值得深思。

第四节 渠道品牌驱动多品类：品牌价值整合化

渠道为王与新零售推动了以良品铺子、来伊份为代表的品牌，他们直接以休闲食品专卖的商业模式切入到休闲食品市场，以渠道品牌驱动多品类产品。

但渠道品牌是个更复杂的体系，不仅要考虑产品层面的单品、品类系列规划；也需要考虑渠道覆盖层面的渠道扩张、全渠道布局、渠道打通；还需要考虑渠道体验、服务等。这需要综合实力的竞争。我们这里重点分析渠道品牌的定位问题。

良品铺子 PK 来伊份，渠道品牌的定位之道

这两个品牌，都采用专卖店渠道品牌的形式拉动产品销售。作为渠道品牌，渠道布局本身关系着品牌发展。良品铺子的渠道布局已打通线上线下全渠道，而来伊份相对更集中于线下。目前，从渠道数量和品牌估值来说，良品铺子占据优势。在互联网驱动的新零售下，作为渠道品牌，其定位不限于线上或线下，还应该考虑到渠道布局、渠道质量、渠道品位、渠道特色以及渠道产品等。

目前，良品铺子的传播重点是渠道产品。据良品铺子宣传，目前该品牌 SKU 已达 1500 多种，大量的单品，形成了一个新的品类"零食王国"。与此对应的，是百宝箱型的产业链模式。其实一个品牌品类定位的背后，正是它的产业链，最终向客户展示"我是谁"。良品铺子的主要价值诉求是"好零食，挑良品"，并通过相应的品控实验、营养研究院、热门 IP 合作来支撑"好零食"。对于良品铺子来说，这种属类和价值双定位的思想，与企业的运营紧密结合。一方面品牌通过不断开发新品打造属类特色，保持"零食王国"的丰富程度和特色新品。对于渠道品牌来说，产品品项多、有特色，无疑也是适合休闲食品的一种品类定位方式。当然，对于发展加盟来说，产品品项更新速度和独家研发也是一种竞争优势。另一方面，明星代言、影视植入、品质控制和"零添加"营销活动等也从不同维度活化着品牌价值。

相对来说，来伊份进入市场更早，产品品项也达千余种，有些产品甚至成为同行模仿的对象。但它却逐渐丢失了市场领导者的地位，在门店数量、盈利能力上，良品铺子有后来居上之势。

有网民提问：良品铺子与来伊份有什么区别？这也反应出来伊份没有及早建立起品牌识别。比如在属类定位上，来伊份提的是专业化休闲食品平台，这种定位更侧重于面向加盟商，缺乏与消费者的链接。而在价值定位层面，来伊份没有明显的价值诉求和营销动作。这就导致消费者逐渐被后起的良品铺子抢去了注意力。来伊份要想重新夺回休闲零食市场的冠军位置，还需要进一步思考"对于消费者来说，来伊份是什么？""对于消费者来说，来伊份能提供什么价值？"

第五节 爆款产品驱动渠道品牌：品牌价值爆款化

互联网时代特有的一夜走红现象催生了爆款产品，也造成了休闲食品行业的新现象：爆款产品驱动渠道品牌，某些爆款产品甚至吸引了大额资本进入，并推动门店快速扩张。

周黑鸭 PK 绝味，一块鸭脖的价值红线

同样是做鸭脖，同样是知名品牌，周黑鸭和绝味都主打鸭脖，并以小小鸭脖开出上千上万家门店，爆款产品的驱动力不可谓不大。不过，两个品牌之间消费者会选择哪个？有消费者表示"傻傻分不清"，也有消费者表示"看口味"。但是，2017 年的双十一，绝味鸭脖的一则不雅海报，让很多消费者表示"恶心""吃不下去"。绝味被打上了"不雅"标签，和周黑鸭的分别一目了然。

绝味为何会如此放飞自我，公然不雅？或许根源就在于缺乏价值定位。没有价值定位，绝味就不能明确为消费者能带来什么价值，不能找到品牌的风格调性，品牌的文化、性格、情怀等价值层面都会六神无主。反观周黑鸭，品牌价值很清晰——"会娱乐，更快乐"，不仅在各种宣传物料上体现，而且品牌还策划相应的主题活动，如抽任务卡、圣诞狂欢等，生动传递品牌价值。

喜茶 PK 奈雪の茶，爆款从重新定义开始

喜茶成为爆款，从重新定义传统奶茶开始。用创始人的话说，传统奶茶已经培育了奶茶的市场，这个市场一直就有，只需要把原来粗糙的做精致。于是，就

有了奶茶的新品类：从选材、工艺、搭配、情调、环境到圈层等，全部重新定义。产品是基础，从品类概念到产品整体塑造，可以让网红爆款获得更持久的生命力。另一方面，深谙粉丝心理的喜茶从一开始就表达着自己的个性，寻找着喜茶对消费者的价值——"用一杯喜茶，激发一份灵感。禅意、酷、灵感"。这样的情怀，是喜茶网红故事的精神灵魂，是喜茶互联网营销的格调，是产品之外粉丝疯狂打call 的另一重要理由。换句话说，没有价值定位，喜茶可能只是一杯好喝的茶。双定位让喜茶同时兼顾品质与品牌人设，既好喝，又得人心。

不过需要明确的是，禅意、酷与灵感还是有一些差异的，同时使用会让品牌形象存在模糊感。在品牌发展早期，提出这些让人眼前一亮的概念会收获大批粉丝，如果有大量竞争对手跟进，喜茶就必须聚焦自己的价值定位，否则，更犀利的品牌会抢占那些价值主张更明确的粉丝。丧茶就是一个例子，它就分去了一部分追求"酷"的年轻人。

另一款以爆款产品迅速走红的品牌，是奈雪の茶。奈雪的走红，不是重新定义"茶"这么简单，她重新定义了喝茶的方式："一茶一软欧包"，这种为消费者定义"吃什么"的方式，不但巧妙植入了产品，而且还引领了新的品类潮流。围绕着这一新属类，奈雪又重新定义了相关的产品体验，让新属类从概念新到了每一个细胞里——专属定义的奈雪杯、独家研发的软欧包、茶礼盒零售、与星巴克对标的选址装修等，让产品本身靠近极致体验。

产品的属类创新有了，下一个问题是，"一茶一软欧包"能够为粉丝带来什么价值？粉丝为什么选择？为什么忠诚？奈雪非常聪明地对品牌进行了双定位。

奈雪说"一杯奶茶，一口软欧包，在奈雪遇见两种美好"。"美好"这个词，是奈雪在产品之外想要与粉丝产生的价值共鸣。于是，想到奈雪，就想到两种美好。在此价值观下，奈雪的营销也选择比较"美好"的方式——闺蜜聚会、跨界艺术合作等，明显区别于酷、丧、江湖气等品牌价值。在卖情怀、找共鸣的互联网时代，奈雪很清楚，她想聚合的就是那群"寻找美好的人。"

祖名享瘦素肉：品类利益重塑　品牌价值再造

杭州祖名豆制品股份有限公司是国内素肉产品的开创者，伴随着消费群体的年轻化趋势和竞品的大量涌现，原有的产品形象已难以获得消费者亲睐，如何提升品牌和产品附加值，如何俘获年轻人的心，成为我们合作的出发点。

一、好的产品是制造出来的，好卖的产品是"智造"出来的

祖名拥有行业领先的研发力量和技术水平，好原料、好工艺精雕细琢制造出来的素肉制品，却陷入认知尴尬境地，与市场上众多廉价素肉甚至是豆干混为一谈，陷入价格乱战的泥潭无法自拔。

我们认为，好产品是工厂制造出来的，这是产品好卖的基础。但是，好卖的产品绝不仅仅是制造出来的，而应该是"智造"出来的。

祖名制造出好素肉，光华博思特的工作，就是把它"智造"成好卖的素肉！

二、迎合健康消费新趋势，重塑素肉的品类利益

素肉作为一种休闲食品，其消费的实质就是不让嘴闲着，玩着乐着就吃了。休闲食品具备一个显著的"三好特性"——好吃好玩是前提，利益好处才是灵魂！

休闲食品一直有"垃圾食品"的认知，好吃好玩是首选。但是休闲食品发展到今天，其消费群体已经从物质贫乏年代成长起来的 70 后，变成了物质极度丰富的 90 后、00 后。好吃好玩是好的，但这好吃好玩必须建立在"健康"的基础上。这也是脉动、海之盐等轻功能饮料崛起的原因及矿泉水持续走强、碳酸饮料下滑的大背景。

我们首先要做的就是以消费者的新需求为契机，创领营养健康休闲食品的新概念，获得消费者的亲睐。

祖名素肉的目标消费群，我们锁定为年轻态、偏女性的中端消费群体。这类群体有一个显著的消费特点，即理性为基础的感性消费。他们在注重休闲豆制品品质的基础上，更多的是寻求心理和情感诉求的满足，既要享受如同吃肉般的"吃货快乐"，更要享受健康不长胖的产品利益，而这恰恰是祖名素肉的利益根源。

光华博思特深挖祖名素肉的优势基因，结合素肉原料大豆蛋白的属性，提出了"免脂素蛋白"的健康概念，"免脂""素蛋白"都能带给消费者一种"营养不长胖"的心理暗示和购买动机，与休闲食品以往的"垃圾食品"形象分道扬镳，提升素肉的品类价值和消费者利益。

三、用品牌价值占据品类利益

确定了"免脂素蛋白"的品类利益后，我们要做的就是尽量把祖名素肉的品牌价值与此品类利益建立强关联，让消费者想买"健康不长胖"的素肉时，首先想到并首选祖名的素肉。

首要的是创意品牌名称。就像"飘柔 = 使头发柔顺的洗发水""劲量 = 充满强劲电量的电池"一样，好名字是根本。

经过对目标群体（年轻女性为主）的消费需求和素肉的品类利益的考虑，最终我们选择并注册了"享瘦"作为祖名素肉的品牌名称。

"享瘦"既是产品利益的直观表现，也是购买动机的情景展现。享瘦 = 健康不长胖的素肉。

品牌名称确立了，享瘦素肉的品牌传播语顺理成章就改为——免脂素蛋白，享瘦更享受。

四、品牌符号抢眼诛心

诸多产品都想跳到消费者购物篮里，关键是如何第一眼抓住消费者眼球！如何将品牌直观呈现在消费者面前，一个让人一见钟情、过目不忘的视觉符号冲击必不可少！我们需要对享瘦素肉进行崭新的包装设计，目的只有一个：在茫茫产品中第一眼看到我、买后记住我！

运用差异化符号是品牌形象创意和产品包装设计的关键！

素肉，一个"素"字一个"肉"字，形成了明显的对比。

什么爱吃肉？什么爱吃素？

大老虎爱吃肉！小白兔爱吃素！

不搭调的 CP——兔牙虎——品牌符号由此诞生！

老虎长兔牙，只为吃素肉。不搭调才能眼前一亮，不搭调才能过目不忘！

今后在货架前，如果你发现了一只长着兔牙的老虎，你没看错！那就是祖名·享瘦素肉，免脂素蛋白，享瘦更享受！

总结

品牌策划和创意设计的目的就在于激发购买欲望！品类利益是前提，品牌价值是灵魂，品牌符号是手段。

祖名·享瘦素肉，通过品类利益重塑、品牌价值打造和品牌符号创意，跳出了价格竞争的泥潭，成功地抢占了消费者的眼球、抓住了消费者的心智。

食品酒水

双定位战略

第六章：乳品的双定位营销实践

属

价 十 值

类

乳品行业是中国重要的民生类行业，从改革开放至今已经历了40年的发展。中国乳品行业的快速发展是自1990年代开始的，到2017年全国乳品加工业销售收入3590亿元，利润总额245亿元，培育了伊利股份、蒙牛乳业、中国旺旺、光明乳业等17家A股和港股上市企业。

经过40年的发展，中国乳品行业已形成明显的四大阵营，第一阵营包括伊利、蒙牛、光明三巨头，他们建立了乳品行业的基本格局。第二阵营包括君乐宝、新希望、三元乳业等百亿俱乐部成员，他们的年销售额已达到或接近百亿。第三阵营是区域型乳品企业，年销售额在2亿~20亿，典型企业如山东的佳宝、河南的科迪、天津的海河、广东的燕塘、新疆的天润等。第四阵营则是地方型小型乳企，数量众多，典型如青海小西牛、内蒙雪原等。

提起中国乳品行业，就不得不提常温奶。正是当年蒙牛推出利乐装包装（发展到现在利乐装主要包括利乐枕、利乐砖、利乐钻三种包装样式）常温奶品类，开启了中国纯牛奶消费的新时代。自此以后，品类引导，价值加持，双定位理论在中国乳品行业得到了充分的营销实践。

本章摘要

第一节 巴氏鲜牛奶：品类＋情感，开辟区域品牌活路

纯牛奶不添加任何添加剂，是高度同质化的品类，只有通过品类＋品牌的双定位价值塑造，强化产品中的某种特性，才有可能获得更高的附加值。纯牛奶中，典型的双定位价值塑造，是巴氏鲜牛奶品类针对常温纯牛奶品类的价值打造，此外，伊利和蒙牛在常温纯牛奶品类中细分子品类，开创了系列的品类品牌。

在蒙牛推出利乐装常温纯牛奶之前，巴氏鲜奶是乳品行业的主流品类。但随着蒙牛、伊利两大巨头依靠常温奶的快速崛起，巴氏鲜奶的市场被严重挤压，巴氏鲜奶企业也逐步减少。可即便如此，众多区域型乳企，如果没有巴氏鲜奶这一品类，恐怕现在大多数已没有活路了。

常温纯牛奶的品类优势不言而喻——降低了运输和存储成本，扩大了销售半径，提升规模降低生产成本等，由此更有利于大品牌的诞生。

在伊利、蒙牛两大常温奶巨头的挤压下，巴氏鲜奶成为区域型乳品不得不主打的品类，甚至可以说其赖以与常温奶巨头竞争的唯一底牌就是巴氏奶。

几乎所有的巴氏鲜奶企业都将巴氏奶的品类利益归为"新鲜"，并将订奶到户服务——所谓"新鲜到家"，作为品牌主诉求。在零售业和物流业高度发展的今天，"新鲜到家"已难以成为城市消费者选择巴氏鲜奶的核心要素。相反，相比巴氏鲜奶的每日配送和取奶，可整箱购买和存放的常温奶反倒更方便消费者的购买和消费。

部分巴氏奶乳企的通用打法：一样的品类，一样的新鲜到家

部分巴氏奶乳企通用打法：一样的品类，一样的新鲜到家

虽然主打巴氏鲜奶，虽然一样的"新鲜到家"，但部分巴氏奶品牌已经消亡，部分品牌在垂死挣扎，部分品牌则依靠差异化的品牌价值定位占据了较为牢固的区域市场。

广东燕塘乳业、新希望乳业是巴氏鲜奶乳企中发展较好的佼佼者

燕塘品牌创始自 1956 年，是一个陪伴了广东消费者五十多年的老品牌，依托巴氏鲜奶割据广东区域市场。在当地市场上，主打巴氏鲜奶和新鲜到家的，还有两家较大品牌（风行和香满楼）。品类和服务的高度同质化，导致"新鲜到家"只能是这三家企业重要的价值点，无法成为品牌的核心价值。

基于巴氏鲜奶的区域性和广东消费者相对的文化独立性，燕塘乳业放大老品牌的情感优势，以区域化的情感表现作为品牌核心诉求，提出了"真的·爱你"的品牌价值定位，给区域消费者一种近在身边的亲切感和信任感。在巴氏鲜奶同质化的"新鲜到家"的诉求下，燕塘这种做法令消费者耳目一新，在市场上独具一格。在品牌传播上，燕塘乳业用粤语作为主体语言，更强化了区域化的情感价值打造。

通过"品类——巴氏鲜奶""品牌——真的·爱你"的双定位价值塑造，燕塘乳业不仅在常温纯牛奶的挤压下获得广阔的市场空间，而且让同样是老品牌的风行和香满楼陷入了极大的被动。2017 年，燕塘乳业营业收入达到 12.4 亿元，净利润 1.21 亿元，多年来持续增长，成为巴氏鲜奶企业的代表品牌之一。

燕塘乳业：从地域情感打造品牌价值

新希望作为以收购地方乳企为主体的全国性乳品企业，其本质还是子品牌覆盖的区域性乳企。如何既保持母品牌的一致性，又能发挥子品牌的区域特征，成为新希望的重要问题。面对这个问题，新希望推出了"城市记忆"系列产品，在母品牌层面，以"城市记忆"统领全国市场，打造品牌的一致性；在子品牌层面，"城市记忆"下沉到每个区域市场，以"成都记忆""青岛记忆""北京记忆"等进行区域性的情感沟通，与当地消费者建立情感联系。

通过母子品牌联合打造品牌情感，新希望将其收购的分散于全国各个区域市场的子品牌捏合为一个整体，既保证了母品牌的一致性，又建立了子品牌的个性。

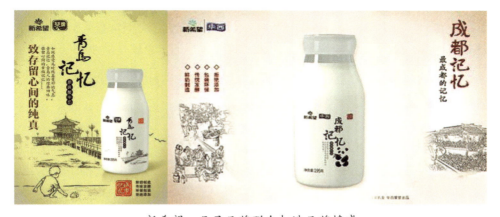

新希望：母子品牌联合打造品牌情感

从燕塘和新希望的品牌打造上可以看出，双定位在巴氏鲜奶品类发挥了重要的作用，一方面，强化了巴氏鲜奶"新鲜"的品类利益，另一方面，通过情感化的品牌价值塑造，与目标消费群体建立了情感联系。这值得区域性乳企借鉴。

第二节 特仑苏 & 金典：常温纯奶的高端化价值再造

纯牛奶的同质化很高，这种高度同质化的品类如何塑造差异化的品牌价值，是全国企业家都头大的难题。

十多年来，光华博思特服务了多个鸡蛋品牌、黑猪肉品牌，曾有企业家对我们戏言：都是两条腿的鸡，都是四条腿的猪，你们怎么会做出品牌差异来呢？其实品牌策划工作本质上就是在不可能中创造可能性。如我们服务的黑猪肉品牌，一个是基于恩施深山养殖的特点，创意出"深林氧"品牌命名，提炼出"山猪深林养，氧多更健康"的品牌传播语；一个是基于企业的养殖理念，创意出"正谷正养"的品牌名称，以及"好猪肉是正养出来"的品牌理念；一个是基于东北养殖基地的联想，开创"野蛮香"品牌和"三野五谷野蛮香"的广告语。

四条腿的猪可以做出品牌差异化，四条腿的奶牛产的牛奶自然也可以。

2006 年，中国牛奶产量突破 3 亿吨，超过俄罗斯、巴基斯坦和德国三国，从 2005 年的世界排名第六位一举跃升为第三位。市场扩大了，但常温纯奶的整体增速相对回落，品牌之间的厮杀更加激烈（据媒体报道，也就是从 2005 开始，牛奶收购开始掺水，并引发 2008 年的三聚氰胺事件）。

面对竞争如此激烈且高度同质化的常温纯奶市场，为了避免原料掺水，企业该如何做？

2006 年是金融危机爆发前世界经济发展的高光年，此时，中国经济高速发展，消费升级需求强劲。在此情况下，高端牛奶是有效的品类升级和差异化竞争策略。

2006 年 3 月，蒙牛特仑苏全面上市，开创了"高端牛奶"新品类！

我们知道，一个品牌的追求目标是代表一个品类，就像王老吉代表凉茶、红牛代表功能饮料，不论王老吉、红牛品牌在谁手里，这个品牌与品类的关系不会轻易改变。为了推出全新的"高端牛奶"品类并以品牌之名代表这个品类，蒙牛推出了子品牌——特仑苏（在蒙语中是"金牌牛奶"之意），并有意淡化了特仑苏与蒙牛之间的关系，"不是所有牛奶都叫特仑苏"让特仑苏的高端形象牢牢占据了消费者的心智。

开创新品类不是空中楼阁、无根之木。特仑苏用"专属牧场（中国乳都核心区）""3.3克优质乳蛋白（高出国家标准13.8%）"等定义了高端牛奶品类，提出了"营养新高度"的品类价值。

在品牌价值上，高端牛奶特仑苏着重强调情感表达，"成就更好人生""特仑苏人生"等强化了特仑苏品牌的与众不同，与目标消费群体建立了精神层面的链接。

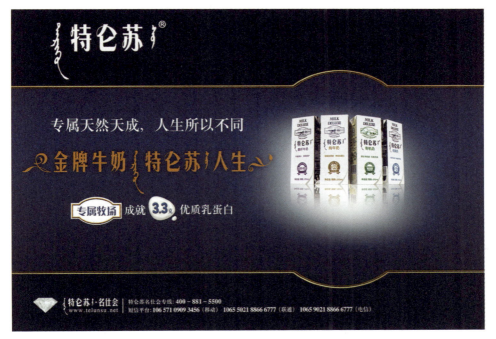

特仑苏：双定位成就高端牛奶品牌价值典范

特仑苏的品类创新和价值塑造获得了丰厚的回报。上市当年，特仑苏销量达4.4 万吨，收入超 3.6 亿元。2016 年，特仑苏单品收入超过百亿，达到 110 亿元。特仑苏成为蒙牛产品中贡献最高的"领头牛"。

瘦田无人耕，耕开有人争。特仑苏开创的高端牛奶品类自然引来竞争对手虎视眈眈的窥视和争抢。其中，同为乳业两巨头之一的伊利于 2007 年推出高端牛奶子品牌——金典，快速跟进高端牛奶的品类市场。

金典牛奶用"100% 源自甄选牧场"和"优质乳蛋白 ≥ 3.3%"，跟进特仑苏的"专属牧场"和"3.3 克优质乳蛋白"的品类定义。此外，金典又增加了"57 道工艺"的品牌诉求。

金典牛奶跟进特仑苏的早期宣传

然而，伊利金典跟进特仑苏的策略，效果并不明显，高端牛奶品类仍属于特仑苏。

直到伊利金典将更多资源聚焦到金典有机奶上。

有机奶是个新的品类机会。抓住新的品类机会，才可能成就一个新的品牌。

　　2010 年前后，伊利金典重点打造金典有机奶，在伊利金典当时的包装和品牌宣传中，"金典"品牌与"有机奶"品类紧密结合，突出了金典在品类上的创新。同时，突出显示的"0 污染、0 添加才是有机奶"，以此定义了有机奶的品类标准，教育引导了有机奶的品类市场。

金典有机奶早期宣传：突出品类定位和品类教育

　　金典有机奶进一步提升了产品标准——"3.6 克优质乳蛋白""全程有机可追溯"，明确了自己的品牌定位——有机生活倡导者，强化了品牌的情感价值诉求——"天赐的宝贝，给最爱的人"。

金典升级品牌形象，突出品类和品牌的关联

金典有机奶从产品（品类）名称到价值诉求、从卖点表达到广告传播都与特仑苏形成了一定的差异，全方位激发目标消费者的购买动机。据媒体报道，在2017年"双十一"期间，金典有机奶超过了特仑苏，成为了高端纯牛奶的销售冠军。

特仑苏和金典的成功，再次印证了品类创新与品牌价值双剑合一的威力。作为新品牌，第一选择是开创一个新品类，并通过品牌价值塑造，占据新品类的代表品牌地位。特仑苏如是，金典亦如是！

第三节 品类创新，成就更多代表品牌

乳品行业内成功的案例不仅仅有特仑苏和金典。2004年上市的旺仔牛奶（复原乳），填补了儿童奶市场空白，现已成为儿童奶的品类冠军。2005年借助超级女声快速蹿红的蒙牛酸酸乳（乳饮料）、细分饮用场景的蒙牛早餐奶，当下仍占据较高的市场份额。光明乳业较早推出、伊利蒙牛快速跟进的大果粒酸奶，凭借果粒与酸奶的巧妙混搭，产生了丰富的口感和极大的口腹满足，成为乐于犒赏自己的年轻女士的挚爱。

这些都是品类细分下的成功案例。功能性细分，更是成就了众多代表品牌。

2007年，针对中国人体质的伊利舒化奶上市，这是国内第一款可有效解决"乳糖不耐症"的"低乳糖奶"。

在伊利舒化奶早期的宣传中，舒化奶既是伊利的子品牌（注册"舒化"商标），又是品类名（营养舒化奶）。从"营养舒化奶"的名称中可以看出，品类利益集中在"营养"，而且品牌价值也在诉求营养——"营养好吸收，健康添活力"。

针对"乳糖不耐症"消费群体，细分新品类和新品牌，伊利舒化奶无疑是正确的。但是，舒化奶的品类和品牌合二为一，且伊利通过商标注册的方式独占舒化奶品类，一方面限制了竞争对手的进入，但另一方面也限制了该品类的发展空间。

品类注重共性，目的是放大品类空间；品牌强化个性，目标是扩大市场份额。以商标注册的方式"独占"品类，无疑是"小池塘"思维——只想着做小池塘里的大鱼，而不是做大池塘的容量。

伊利舒化奶的早期宣传广告，品类和品牌合一

2017 年，伊利舒化奶全新升级。这一次，伊利摒弃了"小池塘"思维，重新定义了舒化奶的品类归属——无乳糖牛奶，直接喊出了"打败乳糖不耐"的品类概念。此次升级，相当于伊利舒化子品牌的再定位，明确了舒化品牌的品类归属。舒化品牌与无乳糖牛奶品类建立了直接的强有力的关联，这将更有利于舒化无乳糖奶建立细分和独立的品类，更有利于舒化品牌的发展和成长。

伊利舒化奶再定位，品类品牌双定位更清晰

品牌再定位后，舒化无乳糖牛奶的品牌传播口号，我们认为还是值得商榷的。"舒化奶——营养好吸收"已经传播了近10年，在此次品牌再定位后，"营养好吸收"被摒弃，取而代之的是"开启健康好状态"。10年传播，"舒化奶——营养好吸收"的传播语已成为舒化奶的品牌资产，而且"好吸收"相比"好状态"的利益表达更直接、更有利于激发消费者的购买欲。如果再定位后采用"舒化无乳糖，营养好吸收"作为传播语，前半句明确了品牌和品类，后半句传达了品类利益，如此既强化了品类品牌，又继承了之前积累的品牌资产，两者兼顾，何必全盘推倒呢？

伊利舒化奶聚焦乳糖不耐群体，创新了常温纯牛奶品类，并用子品牌建立了代表该品类的代表品牌。蒙牛的焕轻与伊利的舒化奶一样，也是细分人群、品类创新的成功之作。

蒙牛焕轻子品牌于2012年上市，它聚焦于中老年消费群体的健康需求，包括"焕轻骨力牛奶"和"焕轻舒活牛奶"两款产品，其中"骨力牛奶"是主打。

蒙牛焕轻牛奶

蒙牛焕轻通过"品类——品牌——产品"的打造，建立了完善的双定位闭环。从品类和品牌层面讲，焕轻品牌定位于中老年牛奶品类，"让年轻继续"的品牌口号，强化了品类归属和品牌价值。两款产品，则分别满足中老年消费群体的"强骨"需求和"促进心血管健康"需求。

伊利舒活做少——无乳糖，蒙牛焕轻做多——添加维生素 D 和 CPP（酪蛋白磷酸肽），都通过品类和品牌的双定位实现了快速成长，品牌成为品类的代表。在常温纯牛奶领域，细分的机会还有很多，都可能创新出新品类。如脱脂或低脂牛奶，目前尚缺少一个品类代表品牌，相信随着人们对健康饮食和身材管理意识的增强，脱脂牛奶将很快成为一个独立的品类。

第四节 牛奶网红产品的双定位养成

特仑苏、金典、舒活和焕轻都是乳业两巨头伊利和蒙牛的成功之作，毕竟两巨头要钱有钱，要人有人（渠道商），创新品类和品牌具有很大的优势。那么，小型乳企是不是还有机会交出漂亮的答卷呢？

河南的科迪乳业和新疆的天润乳业两家区域型乳企，是交出漂亮答卷中的佼佼者。

科迪乳业：网红小白袋的逆袭之路

2017 年度牛奶热产品，非小白袋莫属！

2017 年年初，科迪乳业的小白袋牛奶（透明袋纯牛奶）上市，在业内掀起小白袋风潮，成为朋友圈、社交平台争相转发的"网红"产品。据不完全统计，到 2017 年年底，伊利、蒙牛、新希望、君乐宝、完达山等 20 多家乳品企业上市了小白袋牛奶。

网红小白袋牛奶是什么？它凭什么红透大江南北？

打眼看上去，小白袋最基本的特点是包装的创新和颠覆———统江湖的利乐装，被一个透明"塑料袋"（网友语）代替，浓香的牛奶在眼前一览无余。

科迪小白袋极简的真容

在网络上，有所谓的食品专家不看好小白袋包装。在这里我们必须给予纠正——包装创新是产品创新的重要方式，如蒙牛的利乐枕／利乐装、莫斯利安的利乐钻等。而且，根据科迪的声明，小白袋并非普通的"透明塑料袋"，而是一种获得发明专利的新包装技术，虽然光线可以穿透包装，但不会破坏牛奶的营养和味道。

简简单单的产品，简简单单的包装，科迪小白袋如何就成为网红了？

我们需要去发现包装背后的奥秘。

科迪小白袋的极简包装，不仅仅是一种新的包装形式，它传递了科迪牛奶的品类概念——"原生"牛奶。在这个"原生"牛奶品类产生的背后，是消费者对国产牛奶谈"奶"色变的担忧，是消费者对童年时代奶香记忆的怀念。前者是痛点，后者是幸福点，原生牛奶将两者融合在一起，并通过小白袋包装一览无遗地展现在消费者面前，品类的力量便彰显了出来。

基于 100% 纯牛奶和零添加概念之上的"原生"牛奶品类，小白袋可谓是非常好的包装表现方式。

"原生"牛奶品类融合了消费者的痛点和回忆的幸福感，"回归鲜奶本来的味道……"品牌情感表达又进一步强化了这种感觉。

品类层面，这个颠覆性的包装让消费者眼前一亮；品牌层面，情感化的表达让消费者心中一喜。

品类是基础，价值是关键，小白袋包装，不过是品类和概念的恰当表达而已。品类和品牌双剑合璧，科迪小白袋自带话题和流量，网红自此养成！

人们通常从一个具体的产品开始认知一个品牌，伟大品牌的核心是战略单品。科迪乳业凭借小白袋从区域市场走出来，被全国的消费者认识和接受。科迪以网红小白袋为基础，进一步进行品类创新和产品延伸，"浓缩暖酸奶""浓缩冰酸奶"两款小白袋酸奶乘势而上，最大化占据小白袋的品类市场。

科迪基于小白袋的品类创新和产品延伸

凭借小白袋的优异表现，2017 年科迪乳业总营收额 12.39 亿元，同比增长 53.92%；净利润 1.29 亿元，同比增长 43.61%。

小白袋，大贡献！

天润乳业：网红酸奶养成记

与科迪乳业同样靠走网红路线崛起、同样业绩表现出色的，还有天润乳业。

天润乳业 2017 年的年报显示，其营业收入 12.4 亿元，同比增长 41.7%；归属于上市公司股东的净利润 9913 万元，同比增长 26.6%。

天润乳业在新疆一隅，本身属于区域型乳企，但凭借其酸奶网红式的线上传播，天润品牌快速被全国消费者认识，天润乳业也趁机从线上走到线下，半年时间里，在华东和华南市场的销售额获得了巨大的增长。目前，在山东的县级超市都可以买到天润的网红酸奶。

天润酸奶能够成为网红，首先在于产地价值。原料产地一直是牛奶品牌价值诉求的重要因素，加之国内消费者对乳品行业的消费危机，天润乳业突出了自己的新疆产地优势，强化了品质感。

天润网红酸奶的部分产品

产品命名是个大学问。传统的产品命名，更注重品类属性或产品卖点的关联性（如康师傅、香飘飘等）。而在信息巨量化和碎片化的当下，产品命名更需要突出独特性，以锐化品牌和产品的与众不同，引起消费者的关注和传播。两者相结合，能产生更大的价值（如三只松鼠）。

冰淇淋化了、巧克力碎了、百果香了、山楂恋爱了、玫瑰红了……一个个戏精似的产品名称，迎合了年轻人的消费文化，产生了"吸睛"的作用。

在品牌传播上，天润乳业注重新媒体和口碑传播，"网红酸奶"成为天润酸奶的代名词，引发大量的自发传播和品牌流量。

天润乳业在品牌传播上突出其产地优势

5分钟卖出1000份的网红酸奶,到底为什么好喝?_搜狐时尚_搜狐网

2017年6月11日 - 夫人最近喝到了一个牌子的酸奶,其实它早就是网红酸奶了。但是对于网红推荐,夫人一直是持观望态度的,好不...
https://www.sohu.com/a/1480103... ▾ - 百度快照

这5款「网红酸奶」,全都喝过的人不到0.001%!_搜狐美食_搜狐网

2017年9月21日 - 与其说乐纯是一家做酸奶的,倒不如说它是一家专门玩酸奶的互联网公司,而且是玩的最好的一家。 从0起步...
www.sohu.com/a/1936729... ▾ - 百度快照

这袋子网红酸奶,凭什么这么火?_搜狐美食_搜狐网

2017年9月28日 - 听他们说这个酸奶已经网红了好一段时间,先是在朋友圈和普通超市,现在已经进了便利店了,你大概也见过它们...
https://www.sohu.com/a/1951662... ▾ - 百度快照

被称为酸奶界爱马仕的网红酸奶,今天我们替你试过了!

2017年9月9日 - 被称为酸奶界爱马仕的网红酸奶,今天我们替你试过了! 2017-09-09 | 阅: 转: | 分享 每次去全家,7-11,罗森的时候 探店君最想做的一件事就是: 买空冷藏...
www.360doc.com/content... ▾ - 百度快照

抖音又捧红了一款产品 网红ZUO酸奶你喝了吗?

2018年5月11日 - 求与酸奶同框变网红 "颠覆味觉三观"的口味,新奇的苦辣咸酸奶甚至成为抖音网红的标配,各种抖音玩家竞相要尝试这款网红酸奶,与之同框博人关注,开启花式Z...
baijiahao.baidu.com/s?... ▾ - 百度快照

冰淇淋化了!这款网红酸奶到底是怎么火的? -食品商务网资讯

2017年6月8日 - 最近,又有一款网红酸奶开始火了起来,一时间到处都是这款酸奶的转发抽奖以及各大美食博的试吃repo。很多人说...
news.21food.cn/33/2805... ▾ - 百度快照

天润网红酸奶的媒体传播

在乳品行业,依据双定位理论成功的不仅仅是以上品牌和产品。2017 年年底,爆发的熟酸奶、儿童配方牛奶品类,都可能诞生品类的代表品牌。在干乳制品方向,

2010-2017 年，奶酪消费量复合增长率约为 18%，消费额复合增长率约为 24%，整体维持高速发展。预计未来 5 年奶酪行业仍然可以保持约 20% 的高速增长。增长将出现在以家庭消费为主的消费行为中，一是年轻人的生活方式在变化，西式消费成为新热点；二是对奶酪的认知程度越来越高，购买量就会提升。

乳品企业，需抓住未来的增长趋势，以双定位为指导，依靠品类的上位，打造高附加值品牌。

三元畅益饮：Copy+1，品牌价值锁定品类利益

根据 AC 尼尔森的数据，常温乳酸菌饮料市场规模超过 30 亿。随着伊利、味全、蒙牛、光明等大品牌纷纷切入市场，依靠渠道力量，常温乳酸菌品类持续快速增长。

如此大好市场，北京三元食品自然想要分一杯羹。但面对如此众多的乳酸菌饮料品牌，三元该如何突围？

我们的策略是，在跟随（Copy）乳酸菌饮料品类利益的基础上，进行品牌微创新（+1），切割一块属于自己的市场。

Copy：品牌名称直接传递品类利益

经过蒙牛、伊利等对乳酸菌饮料的市场教育，消费者已经认可其有益肠胃的品类利益。三元食品此时涉足，最好的办法是直接 Copy 这一品类利益，不必去教育新的品类利益。

"畅益饮"的品牌名称，直接嫁接品类利益，简单粗暴，却直入人心！

随着乳酸菌饮料的普及，问题也随之出现，其中一个便是"糖含量过高"，甚至传出了"喝一瓶乳酸菌相当于喝一瓶可乐的糖分"。三元畅益饮迎合消费者的健康需求，推出了"低糖"的差异化卖点。

结合畅益饮"低糖"的产品差异化特性，我们为其创意了"低糖享自在，畅饮常轻松"的品牌传播语。这句广告语融合了产品差异化特性、品类利益和品牌名称，可谓一箭三雕，极大地降低了品牌传播和记忆成本。

借势流行元素，迎合目标人群喜好

随着消费理念的改变，消费者的需求和要求越来越高，品牌需要在每一个可能产生用户体验的领域，加深与消费者的交互关系，建立自己的优势，这是品牌生存和发展的关键。

2015 年国产饮料里非常火爆的"小茗同学"冷泡茶，有个性、形象亮眼，产品一上市就迅速在 95 后消费者中攻城略地。小茗同学每天的任务就是负责认真地搞笑——这种看似简单却基于深度人性化的创意，是打动消费者的关键。

为了迎合常温乳酸菌饮料目标消费群体的生活和消费理念，我们为三元畅益饮塑造了"轻生活不伪装"的品牌调性，并通过包装上的系列语录体与文案，与消费者建立情感纽带——"自由""自信""不伪装"，提高代入感，让消费者主动走过来。

再重的书包也装不下你的未来！轻生活不伪装！
再板的领带也绑不住你的自由！轻生活不伪装！
再长的睫毛也突显不了你的颜值！轻生活不伪装！

狭路相逢勇者胜，勇者相逢智者胜！三元畅益饮通过"Copy+1"的竞争策略，借势成熟的品类利益，创意"小鲜肉"的品牌调性，加之三元食品的母品牌背书，很快在核心市场站稳了脚跟，获得了消费者的认同。

阳春羊奶：羊奶品类的品牌上位

阳春羊奶找到我们，表达了他们最大的苦恼是：这是一个牛奶的天下，喝奶就是喝牛奶。羊奶作为一个新品类，始终没有找到突破牛奶防线的尖刀——几乎所有的羊奶都在沿袭牛奶走过的成功之路，千篇一律地重复牛奶品类的"高营养"价值诉求。

更为不利的是，因为受羊肉制品的影响，消费者直观地认为羊奶有膻味而"闻膻色变"，在心理上排斥羊奶品类。

如何树立羊奶新品类？羊奶如何在牛奶一统天下的局面中被消费者接受？

重塑利益，树羊奶新品类

国内牛奶行业一直在遭受信任危机，特别是"三聚氰胺"事件让消费者对牛奶有了防备之心，消费者渴望有健康的、无污染的、无激素的奶制品出现。羊奶因其饲养特性，品质更安全、更健康，更为重要的是羊奶的脂肪颗粒体积仅为牛奶的三分之一，更利于人体吸收。是最接近人奶的高营养乳品，在国际营养学界被称为"奶中之王"。据媒体报道，欧美国家均把羊奶视为营养佳品，鲜羊奶的售价是牛奶的近 7 倍。

羊奶的诸多天然差异化优势，是羊奶新品类的利益之本。如何将羊奶的品类利益直观地、形象化地传递给消费者，这个答案将成为羊奶品类被消费者接受的最直接手段。

经过多轮的调研和测试，最终我们为羊奶品类提炼出"滴滴奶黄金"的品类利益，向消费者传递羊奶"黄金般"的品类价值，向消费者宣告：乳品消费进入羊奶时代！

牛奶行业中市场份额最大的无疑是以伊利、蒙牛为代表的草原牛奶，"风吹草低见牛羊"的美好意境，带给草原牛奶更高的价值感。

阳春羊奶出自山东半岛的山地丘陵地带，没有草原怎么办？

没有草原，看起来是劣势。

没有草原，我们变为优势！

牛奶卖草原，我们卖山林！

"我从山里来"的品牌价值呼之而出。

"我从山里来"这句品牌广告语中，大山给人更为原始、更为纯净、更为安全的心理感知。它跳出牛奶卖草原的圈子，直接与"草原牛奶"对着干。大山里牧童骑羊前行，活泼、健康的形象给消费者更多对于大山的向往，直接加强消费者对品牌的认知。

通过羊奶品类的利益重塑和品牌造反上位，阳春羊奶坚持"一只羊的产业链"，奶山羊存栏量近 40 余万只，成为国内羊奶产业的"领头羊"。

属

价 十 值

类

食品酒水
双定位战略
第七章：大健康食品的双定位营销实践

"大健康"一词，包含着强烈的价值诉求。"大健康"食品不同于其他食品，它们从一开始就瞄准了消费者的价值需求，是以价值定义类别。因此，选择以"大健康"作为切入点的食品企业，往往有着强烈的价值意识，问题就在于品牌选择提供哪部分价值？如何在"大健康"食品这个比较泛的概念中定义自己的属类，区别于其他产品？这仍然需要通过双定位来达到目的。

本章摘要

　　"大健康"食品是一个比较宽泛的产业概念。它包含哪些食品并没有明确的定义。西方医学之父希波克拉底说："让食物成为你的药品，而不要让药品成为你的食物"。"大健康"食品所涵盖的就是有健康功能的食品。

　　这一概念产生的背景，是人们越来越有意识预防慢性病、亚健康的发生。面对消费者越来越重视"健康"的潮流，那些养生功能比较突出的食品，在传统的食品行业之外，希望找机会在健康这个领域分食一块蛋糕。

健康大数据
不容乐观

- 我国因心血管病死亡占城乡居民总死亡原因的首位。目前推算现患心血管病人数为2.9亿。
- 据2010年第六次全国人口普查数据测算，我国高血压患病人数为2.7亿。
- 2012年18岁及以上居民的超重率为30.1%，肥胖率为11.9%。

*数据来源：《中国心血管病报告2016》、国家卫生计生委网上注册资料

EST 光华博思特
消费大数据中心

第一节 大健康食品的几大类型

狭义上的健康食品，是规范管控的保健食品、特医食品；广义上，它还包含了一些有养生、调理价值的食物。这些食物试图借"大健康"这个风口趋势，找到食品行业新的高额获利点。

从品牌策划的可行性来讲，保健食品、特医食品有比较严格的准入机制、配方和功能管理要求，在品牌层面进行创意策划必须符合一定规范。在这种情况下，保健食品的双定位可以在功能规范之外做文章，寻找人群、场景、时机、情感诉求等的差异。而特医食品，一方面要严格按照管理规范研发新产品，同时，考虑到特医食品需求量有限，可以以高带低。另一方面要向大众开发其他健康食品，以自己在特医食品领域的高标准拉动大众化健康食品的销售。

而对于养生、调理价值的食品，蹭了"大健康"的热点，但又并非官方认定的保健品，可以日常食用。它的生存空间就在于日常化、生活化、礼品化，但也要遵守宣传红线。例如猴姑饼干，按照食品标准监管要求，只能宣传原料的功能，而不能宣传保健功能。在消费者认知中，其促进健康的功效明确性和认可度低于保健食品。这类产品必须远离红线，拿捏好属类定位和价值表现，才能在"大健康"的风口上，找到自己作为日常健康食品的位置。

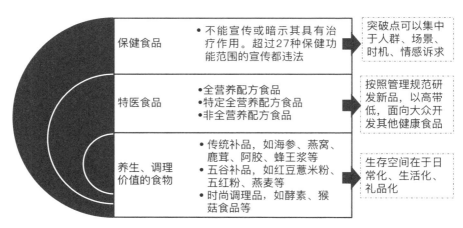

"大健康"食品的几大类型

案例：江中猴姑饼干，休闲饼干进军"大健康"的喜与忧

之所以说休闲饼干进军"大健康"有喜有忧，就在于大健康食品的边缘属性与定位之难。

我们先来看喜的一面。江中猴姑饼干，作为第一款主打"养胃"功效的饼干，一面世就大受欢迎，掀起了一阵"猴菇热潮"，各路杂牌也纷纷模仿。江中猴姑饼干采用了双定位，猴姑饼干是属类定位，养胃是价值定位，饼干吃出养胃效果，新的零食，新的礼品选择，江中猴姑饼干的大健康路径，开辟了新的市场机会。

忧的一面是江中猴姑一路走来，维权官司不断。问题在哪？通过仔细研究，发现江中猴姑的双定位有漏洞。猴姑饼干是属类定位，很容易联想到"饼干里添加了猴头菇"，但是请注意猴姑的姑是姑娘的姑，没有草字头。从"猴菇"变"猴姑"，巧妙避开了通用名称"猴菇"，因此，商标没有争议，成功注册。另外，据说在注册最初，江中集团在为猴姑饼干起品牌名时，就已经构思好了一个"猴子姑娘"的卡通形象，其品牌内涵为：猴姑擅长把猴头菇做成各种各样的食品和饮料。正所谓成也萧何败也萧何，猴姑饼干虽然成功注册，但却甩不开通用名称"猴菇饼干"的顺势跟进模仿，江中集团也因此忙于打官司维权。但很无奈，"猴菇饼干"是通用名。

假如属类定位不是单纯从原材料角度出发的"猴姑饼干"，而是更有区隔性的一个概念，"＊型猴姑饼干"或"猴姑＊饼干"，那么就不容易被模仿了。

另外从价值定位来讲，"养胃"遭到了一些消费者的质疑，甚至有人为此和江中猴姑打了三年官司，称"养胃"功能误导了自己，耽误了治疗胃病。好在法

庭最后认可了"养胃"一词只是民间俗语，江中猴姑并未虚假宣传。这就给"大健康"食品敲了一个警钟，价值表达的红线，一定要避免过于直白的功能承诺。可以采取功能暗示，场景暗示等间接表达，比如，把"养胃"换成"关爱你的胃"，可能更进退有度。当然，如果功能承诺能够讲得通，也不能太过隐晦。某种程度上，打官司也是一种宣传。

第二节 大健康食品的发展路线

健康产业是世界上增长最快的产业之一。但与发达国家相比，我国健康产业仍处于初创阶段。在发达国家，其占国民生产总值的比重超过 15%，而在我国，健康产业仅占 4%~5%，发展空间巨大。同时，在产业结构方面，发达国家已经形成较全面均衡的产业细分，而我国健康产业细分严重失衡。

"大健康"食品产业是一个随着人们的健康意识增强，而逐渐变得清晰的产业，从最初没有清晰的分类，到逐渐明确的保健食品，再到泛化的"大健康"食品，这个产业的领地，在逐渐扩大。

"大健康"食品的发展路线

与产业领地扩大同步出现的是产业的细分化。"大健康"食品本身强烈的功能诉求，决定了它必然走向细分，针对不同健康需求的人群做针对性开发。以补钙产品为例，早期有不分年龄的钙片；后来出现了老年钙片；现在有专门的孕妇补钙、儿童补钙、补钙水果糖、牛初乳补钙、碳酸钙、补钙口服液等细分产品，不同年龄、不同偏好的人有了更多针对性选择的可能。

未来，随着大数据、云健康平台和人工智能检测设备在大健康领域的进入，定制化、个性化的健康产品会更加结合消费者个人的身体指标特征，对其制订的健康方案将有可能更科学，更体系化、套餐化。

值得关注的是，这个产业的进入者，除了食品行业的从业者，还有从医药企业、保健品企业延伸过来的竞争者。前者擅长食补与市场化营销，后者更具专业度和可信度。比如下图所列的几个医药品牌，就在大健康领域做得风生水起。

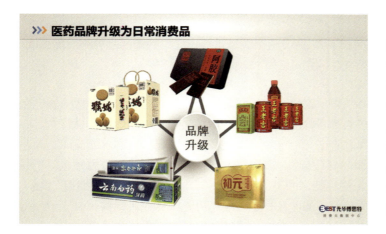

我们预计，未来"大健康"食品领域可能会存在以下几种竞争者，他们都会从自身擅长的角度切入。因此，品牌必须双定位，才能找到更有利的切入位置。

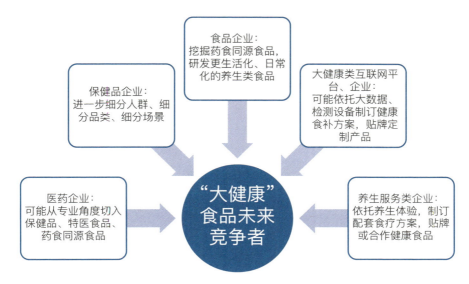

"大健康"食品未来竞争者及其可能动作

第三节 大健康食品的双定位视角

其实从保健食品、特医食品越来越严格的管理规范中，我们也可以得出结论："大健康"食品必须明确类别（属类），明确规范功能（价值），否则，品牌高喊着"功能强大，人人适合"，消费者却在想"吹牛呢！"，这样很容易丢失目标市场。在市场混乱时期，万能保健品、万人热捧的养生神品只有忽悠的可能，却没有长存的空间，早晚会随着消费者的理性选择而败落。

借助双定位工具，我们可以区分这个领域曾经出现过的知名品牌的市场占位，也可以尝试找到新品牌的生存空间（如 137 页图示）。

"大健康"食品必须有双定位视角。双定位可以为大健康食品寻找市场机会提供一种思维工具。在消费者价值定位层面，不必局限于功能价值，从符号、心理、情感、文化和形象价值这几个维度可以更多元地发现价值需求的蓝海。而在属类定位层面，随着新的加工技术、提取技术，新的原料领域、应用领域不断涌现，新的功能、概念、属性也随之而来，可以从不同角度定义一款"大健康"食品。当然，观察事物的视角有很多维度，有些维度还可能跨界或者混搭，以至于变得难以捉摸。但从思考的方式来讲，我们需要类似这张双定位图的基本模型，帮助我们更有规律地进行思考。

比较考验专业水平的是如何将这些框架性的思维变成具体的双定位方案，区分出其中细分的、更有洞察力和市场价值的表达。

比如东阿阿胶的一款桃花姬产品，就演绎出双定位表达的细微差异给市场空间带来的极大转变！

从阿胶保健品到桃花姬零食，从补血到吃出美丽，不同于常规阿胶制品的全新双定位，为桃花姬打开了大不一样的市场空间！

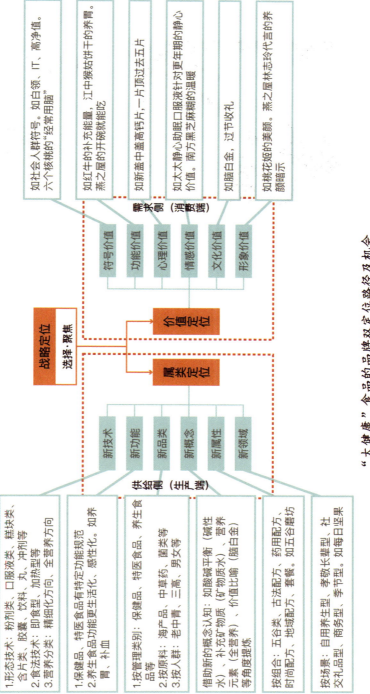

"大健康"食品的品牌双定位路径及机会

在东阿阿胶推出桃花姬产品之前，阿胶产品还没有这样时尚，阿胶也还没有这样贵得具备收藏价值。以前的阿胶，大家普遍认为是补品，补血的，与零食、美丽没有直接关联，这也导致阿胶的销售一直限于特定人群。但自从桃花姬推出以后，它成了阿胶市场与养颜零食中新的爆款，接连带动了阿胶的花式吃法，拉动了阿胶的连年看涨。

原因何在？从策略层面来看，桃花姬采用了双定位，对产品属性和价值进行了新的锁定。它的目标人群是保健意识逐渐上升的都市白领，属类定位是"保健零食——熬好的阿胶"，价值定位是"以内养外，吃出美丽"，文艺点说是"粉腮似羞，杏花春雨带笑看，润了青春"。我们先来看价值定位，"以内养外"意味着由内而外的美，"吃"人人喜欢，而"美丽"，白领们特别在意。吃出美丽，是白领们的价值需求，但从未有品牌这么提出过。两句合在一起，桃花姬价值实现的原理和效果一目了然。再来看属类定位，一方面属类定位要与价值定位匹配——于是，"保健"对应"美丽"，"零食"对应"吃"。另一方面，属类定位要跳出竞争红海，提供新的购买选择——保健零食，熬好的阿胶，兼具保健和零食的特点，消费者吃零食时想保健可以选择，或者想悠闲地吃保健品时也可选择。相比阿胶的中药定位，桃花姬保健零食的厉害之处就在于可以常吃，可以吃着玩。因此，从属类上也容易成为爆款。

桃花姬的厉害之处还在于它的双定位不仅仅是概念，更有系统的落地支持。在配方层面，它源自元曲《秋夜梧桐雨之锦上花》的经典配方，产品形态是方便即食的膏块状，食养、休闲的特质一目了然，在推广层面，桃花姬在白领中举办的"桃花 lady"活动，让这些白领中的意见领袖可以深度体验阿胶文化，借助网红直播"冬至阿胶滋补节"锁定年轻群体，因此，很快风靡女人圈，并引来大量品牌跟进。而后来跟进的各大品牌，始终停留在模仿阶段——名称模仿、包装近似，最多配方上加些新成分，如果不能在桃花姬之外找到自身的双定位，又怎能找出品牌特有的发展道路呢？

第四节 大健康食品的双定位趋势

明代医学家李时珍说："药治不如食疗。善食者善生，不善食伤身。"一个生命体，从生到死，无论男女，无论贫富，都希望吃出健康，也都会关注"大健康"食品。"大健康"+食品，人群基数广，需求频繁，足以成为投资界长青的赛道之一。

其实从食品行业各个细分领域的发展趋势可以看到，各大品牌越来越重视健康价值，这也导致健康食品与保健食品逐渐在"健康"的大目标下离得越来越近。某种程度上来说，大健康食品是一种交叉、跨界行业，是食品与保健类产品间的新属类。

比如食品行业五谷磨坊品牌的崛起，阿胶行业桃花姬的走红，功能饮料的风靡，从饼干到养胃饼干的进化等，都是食品与大健康的化学反应。

在这种"大健康"+食品深度融合的大背景下，要对"大健康"食品进行双定位，需要抓住如下趋势：

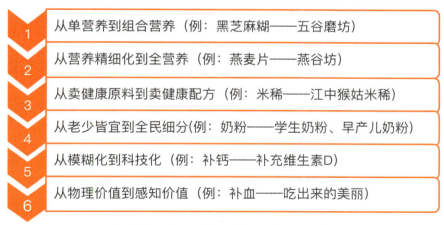

1 从单营养到组合营养（例：黑芝麻糊——五谷磨坊）

2 从营养精细化到全营养（例：燕麦片——燕谷坊）

3 从卖健康原料到卖健康配方（例：米稀——江中猴姑米稀）

4 从老少皆宜到全民细分(例：奶粉——学生奶粉、早产儿奶粉)

5 从模糊化到科技化（例：补钙——补充维生素D）

6 从物理价值到感知价值（例：补血——吃出来的美丽）

"大健康"食品进行双定位的六大趋势

1. 从单营养到组合营养

南方黑芝麻糊在多年前借助一支广告走红后就一直不温不火，年销售额多年来停留在20亿，没有突破。原因何在？其中一个原因就在于产品本身的单一，所提供的营养、吃法的单一。对比另一家2006年成长起来的品牌五谷磨坊,作为"食补养生粉"这一新品类的开创者和行业领跑者,他们看到了消费者在大健康趋势下对营养的多元化、组合化的需求。对比黑芝麻糊和食补养生粉这两个品类,我们发现,食补养生粉的优势在于跳出了单一营养,着眼于可以食补的养生粉,其品类的内涵空间更大,带给消费者的营养选择也更丰富。

2. 从营养精细化到全营养

在吃不饱的年代,人们向往着白面、细面。沿着这种趋势,对食物的加工朝着精致化的方向演变,比如脱脂牛奶、麦芯粉、头道压榨的油。随着科学研究发现和健康意识的转变,那些被我们淘汰掉的食物糟粕又变成了宝贝,人们开始想办法吃到全营养的食物。

比如燕麦,原本人们常吃的是燕麦片,属于精加工,其不足之处在于压缩的过程中,高温烘培会导致燕麦中一些核心营养价值流失,口感上也有糙涩感,导致消费者不能长期坚持食用。燕谷坊看到了全营养的发展趋势,意识到燕麦片提供不了全谷物的营养,并且通过专利工艺突破,获得了裸燕麦最具核心营养价值的麸皮和全胚芽,这一创新突破成就了新的品类,燕谷坊顺势将品类定位为燕麦胚芽米。这一定位鲜明地区分了燕麦片,也体现了核心营养"胚芽",在消费者心智中,"胚芽"是珍稀的、是未被流失的营养。

从竞争层面讲，精细化到全营养，眼光超前的企业将率先进入全新的开阔空间。做燕麦片的品牌众多，竞争压力自然也大，跳出燕麦片品类主打燕麦胚芽米，这一新的定位视角让燕谷坊燕麦跳出了竞争红海。

把这种对健康趋势的判断上升到企业战略层面，燕谷坊所呈现的战略布局涉及多类全谷物食品，因此，该品牌战略定位是全谷物食养领导品牌，意味着它将沿着全营养的路线布局其他谷物类产品。燕谷坊测算，全谷物食品产业，这可能会是一个万亿级的大市场。

而在价值定位层面，"健康全谷物"突出了全谷物的健康价值，也可以让品牌旗下各产品共享"健康"这一价值。

通过这样的策划，品牌双定位与全谷物大健康战略紧密结合，让该品牌走出了一条助力三农、制胜未来的独特发展道路。

3. 从卖健康原料到卖健康配方

在江中猴姑米稀之前，很少有人关注米稀，但江中把十味中药配方放入其中，米稀与中药材这些原材料都获得了新的功能和目标市场。

这背后的原因就是越来越懒的消费者和他们越来越高的选择标准。食材不是购买的目的，他们贩买的是食材组合起来的功能。据媒体报道，在保健食品比较发达的国外，"套餐"也成为欧美流行保健食品的新形式。他们认为，单一保健食品很难同时具备多种保健功能，而人群的营养保健需要的是多种多样的。针对特定人群适用的、科学的合理组合，可以解决消费者在众多保健食品市场上难以适从、盲目选购的问题，因此大受欢迎。

4. 从卖老少皆宜到人群定制

早期的食补一般没有分人群的概念，最多针对不同身体症状。而有些浮夸的保健品，更是宣称包治百病。

随着人们对不同人群营养需求的针对性掌握，保健、食补变得越来越细分。

比如从人群营养需求差异的角度，产生了特殊膳食食品产业，针对特殊人群：孕妇、婴幼儿及儿童、老人、军队人员、运动员、临床病人、航天员、潜水员等。从商业的角度，又将有购买能力的高净值人群、中产阶层、白领、商务人士单独划分，为他们提供健康食疗的针对性产品。

在激烈竞争的婴幼儿奶粉领域，一些品牌借助早产儿配方奶粉、抗过敏奶粉锁定一部分特殊人群。在饼干市场，也有一部分企业借助无糖配方、粗粮概念获得了三高人群的青睐。这就是健康食品分人群定制的价值。

5. 从模糊化到科技化

未来，食品健康与科技将更加深层次融合。比如追溯码支持的安全体系，大数据、健康管理锁定的细分人群。科技，让健康变得更加量化。

雀巢之所以投资塞尚乳业，其中一个重要的差异化亮点，是由于塞尚乳业是一家定位"大健康产业"，专注于蛋白粉、稀奶油、奶酪和特色奶制品领域的科技型深加工企业，是可以运用纳滤分离水解技术生产浓缩乳蛋白及国内第一家有能力生产常温稀奶油的乳品企业，并且掌握独步行业的核心技术。未来，不同健康需求的人越来越倾向食用不同营养构成的奶制品，这就是科技型企业的机会。

6. 从物理价值到感知价值

物理价值就是补钙、补血、补铁、胃痛这样比较直白的健康诉求。直白的物理价值诉求不仅受管理约束，也让消费者感觉不舒服。而健康食品之所以不同于药物，就在于它是帮助促进健康的。因此，随着"大健康"食品越来越成为一种生活方式，"感知价值"成为新的宣传方向。这意味着不说疾病、不说痛苦，而是通过巧妙的愿景诉求让消费者感受到产品的价值。假如某品牌的"大健康"食品要进入礼品市场，更需要考虑价值的感知性，既避免送礼双方的尴尬，又能拓展适宜人群。

比如桃花姬"吃出来的美丽"，用美丽暗含了补血、调理等直白功能。再比如江中猴姑米稀的"养胃"早餐定位，用"养胃"代替了"胃不好"，用早餐强化食品属性。

属

价 十 值

类

本
章
摘
要

　　单向的定位，其营销也往往容易单向化，意图把品牌推给消费者。而双定位推动下的营销双驱动，是要改变品牌单向的推动，同时关注品牌与消费者双方的需求，激发供需对接，促进双方达成品类与价值的共识，从而在消费场景中互选。

第一节 双定位与双驱思维：连接品牌与消费者

双定位对于营销的最大变化在于：把品牌与消费者放在一起思考。把产品卖给消费者不是重点，在营销的前期、中期和后期，充分调动消费者参与到品牌中，才是双定位的重点。

双定位思想下的营销行为，有两个驱动器：一个是品牌，另一个是消费者。这两个驱动器通过双定位产生内在关联——品牌致力于成为消费者所期待的新产品，消费者也因为被品牌所关注而成为铁粉。品牌因为创造新的品类和价值而获得市场关注和新的竞争机会；而消费者，因为他们的品类和价值需求同时被满足而产生自发传播。

在这种新的双驱营销思维下，我们原有的单向思维需要调整。

1. 双定位下的新营销视角

从品牌思维到粉丝思维转变。拥粉无数的品牌，往往表现出平等的粉丝视角，与粉丝称兄道妹，卖萌自黑。他们不再直白地说"买买买"，反而会化身为超级用户，和用户站在一个战壕里创作产品。比如他们会是最苛刻的用户——帮用户挑选极致产品；最专业的用户——专业选材、测评、把关；最有创意的吃货——醉心研究各种食材工艺，等等。这种思维方式，让用户的戒心、排斥感大大降低。比如褚橙，就扮演了苛刻但有情怀的超级用户。

2. 双定位下的两条内容营销主线

在内容营销的大潮下，我们需要考虑向消费者说什么，还必须让内容具备一定的识别度和价值。双定位可以为我们提供一个方向。

一是属类主线。围绕这一主线，可以不断在消费者与品牌间找话题，不断强化品牌与消费者的共同体意识。

二是价值主线。围绕这一主线，可以促使品牌设法提高消费者的体验和价值获得。

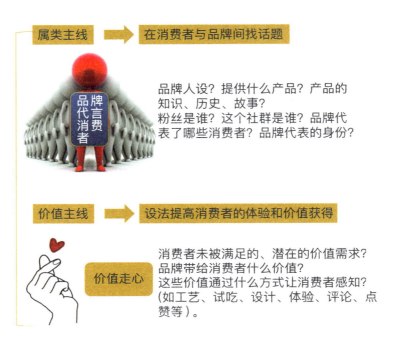

属类主线 → 在消费者与品牌间找话题

品牌人设？提供什么产品？产品的知识、历史、故事？
粉丝是谁？这个社群是谁？品牌代表了哪些消费者？品牌代表的身份？

价值主线 → 设法提高消费者的体验和价值获得

价值走心

消费者未被满足的、潜在的价值需求？
品牌带给消费者什么价值？
这些价值通过什么方式让消费者感知？
（如工艺、试吃、设计、体验、评论、点赞等）。

双定位下的两条内容营销主线

3. 双定位下的传播矩阵

品牌传播可以依靠的资源，不必局限于品牌媒体矩阵（自建、合作交换、购买、发展媒体人脉等），还可以通过激励调动粉丝媒体矩阵（粉丝自有媒体如博客、微博，参与媒体如社群、论坛等）。两类媒体矩阵中，品牌媒体资源提供基础信息源，粉丝媒体矩阵参与信息的创作（UGC）和传播。品牌必须在传播中设计粉丝参与的环节，才能调动粉丝力量。

建立粉丝媒体矩阵需要挖掘一批核心用户、意见领袖。通过产品试用、历史购买记录可以找到忠实顾客，另外，通过搜集相关产品点评文章或自媒体，可以找到有影响力的意见领袖。下一步，给予这些用户精神或物质激励，建立核心用户社群，激发用户分享。这些用户的分享既可以加快信息扩散，又是更容易被其他消费者接受的口碑推荐。

基于以上思维，我们将重点探讨在几个关键的营销节点上，双定位应该如何结合。

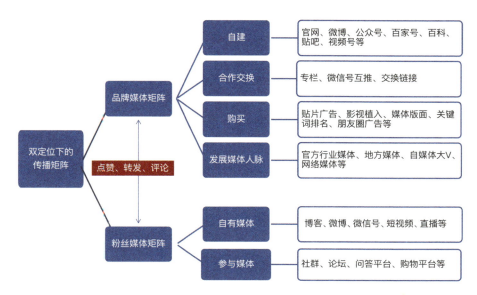

双定位下的传播矩阵

第二节　双定位与新品引爆：启动市场兴奋点

启动市场兴奋点的形式千变万化，但都必须把握住以下三个重点要素：

1. 兴奋点是什么

市场兴奋点就是"向消费者说什么他们会兴奋"。从心理学角度讲，新鲜的东西、扎心的东西，更容易让人兴奋。但并非所有的兴奋点都是品牌需要追逐的。有策略的兴奋点必须围绕品牌的双定位。

启动市场兴奋点的三个要素

因为品牌双定位建立在大量市场研究的基础上，可以锁定崭新的属类，提供走心的价值，有市场兴奋点的基础，更有品牌资源支撑。

在营销这个环节，我们要把双定位提供的兴奋点，变成一次次的诉求表现，强化品牌心理刺激。

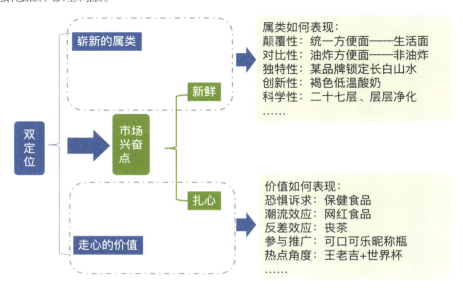

如何制造市场兴奋点

从属类、价值两大角度，我们发现的市场兴奋点可能是多个，兴奋点没有必要一次融合，反而应该在不同的营销动作中，有选择地释放出不同的兴奋点，将传播目标进行分解。

比如丧茶，在属类层面，始终与喜茶对标，开在喜茶对面。只有借助喜茶的影响力和品类，丧茶才能凸显特殊的存在价值。

而在价值层面，丧茶必须不断通过各种各样的"丧"文案，一条条展现"丧"，释放反常规的减压价值。

2. 谁来启动

市场启动依靠的就是双定位下的传播矩阵，品牌媒体矩阵＋粉丝媒体矩阵。在媒体碎片化的时代，成功的市场营销大多能够调动起粉丝的参与和扩散，并且改变了传统的线性单向传播，形成了一个个的传播场景。如下图，是品牌双定位的传播路径图：

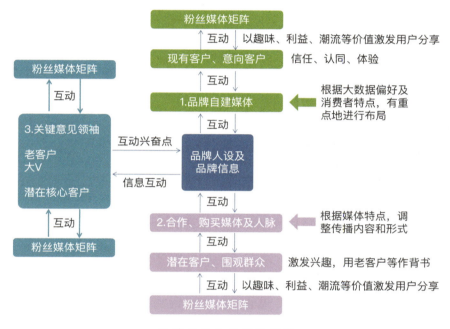

品牌双定位传播路径图

品牌自媒体+现有、意向客户： 这些客户已经进入品牌自己的媒体圈，需要强化他们对品牌的信任和认同，增强专属体验，促使他们购买且对商品满意，最终分享品牌信息。

品牌+关键意见领袖： 通过品牌购买记录、人脉挖掘、网红、知乎、博客行业大V、竞品顾客购买记录等途径找到这些人物，定向邀请，发起互动，让他们深度参与品牌传播，他们才有积极性调动自身媒体参与品牌宣传。

合作、购买媒体及人脉+潜在、围观客户： 这些客户初次接触品牌，需要激发他们对品牌的兴趣，用老客户、意见领袖做背书，促使他们关注品牌，并在趣味和价值激励下分享品牌信息。

3. 什么方式启动

我们总结了一些食品品牌的市场启动方式,有如下几类。在实际的应用中,也可以不同媒体、不同时间节点、不同方式组合使用。

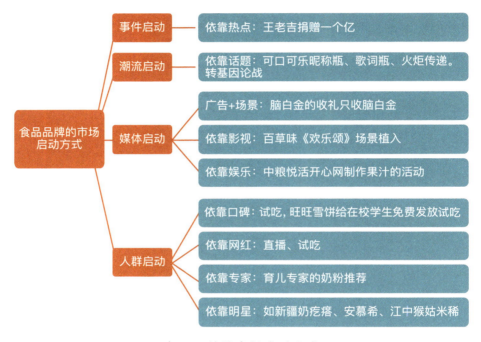

食品品牌的市场启动方式

促进传播扩散的三个秘诀

为不同媒体量身打造内容:根据媒体特性,不同的媒体采用不同的引流方式。一款食品,在搜索引擎需要进行排名优化并保持新闻热度,在食谱网站传播美食菜谱,在直播平台由网红传递色香味的诱惑,在营养网站分享养生心得,在官方博客以人格化形象互动,在视频网站情节互动式植入,在线下店向附近地点推送通知,诸如此类,结合不同媒体特性,才能提高传播效力。

每一个传播场景都需要设置共鸣路径,与用户直接、多层面的互动,实时记录用户反馈,这样才能促进共鸣扩散。信息扩散、粉丝参与的过程,也是传播价值再创造的过程。通过这一过程,传统的线性、断裂的传播,可升级成网状、互联的传播模型。比如蒙牛最新推出的"zuo 酸奶"，就依靠与抖音网友一起"zuo"表情视频，发起"我才是好喝表情帝"的创新营销，因此，快速晋升为网红酸奶。

每个传播场景与激励挂钩。比如员工名片与内部折扣力度挂钩，推动员工拓展个人人脉。粉丝转发与抽奖挂钩，吸引粉丝转发，并且可以让抽奖环节跳转到官方购买网站来。

第三节 双定位与全渠道营销：推动无障碍购买

全渠道营销意味着消费者的生活场景被购买渠道所包围，如同置身一个环绕式剧场，可以在多种渠道间无缝转换，随时随地完成搜索、比较、体验、下单、提货及售后等需求，实现想买就能买的渠道覆盖。

当然，全渠道营销的"全"并非全部，也并非所有的渠道都要均匀布局，全渠道的本义是让我们尽可能地靠近目标消费者的不同购买场景，减少消费者渠道购买中的不便。具体操作时还应该结合消费大数据 + 企业资源，有所侧重选择，循序渐进。

1. 全渠道的布局视角

传统渠道是按照地域市场进行拓展，全渠道是按照消费者的购买场景进行布局。具体布局时，全渠道应该考虑两个视角：消费者的场景需要（随时、便捷、体验、安全等）+ 品牌的营销需要（传销一体、控制力、成本、利润、适合的产品等），寻找两个视角的交集。

全渠道布局的两个视角与双定位的供需双方两种定位视角是一致的。其价值在于，跳出品牌固有的单向视角，借助大数据、消费者调研，优先布局消费者更聚焦、活跃的那些场景、媒体和购买场所。当我们同时采用消费者视角布局渠道，就会发现有些渠道可能并不知名，但有目标消费者聚集，会成为性价比较高的渠道选择。

另外，我们建议在全渠道布局中，重视消费者活跃度较高的社交、媒体、娱乐等渠道，他们虽然不能直接产生购买，但那是购买的前奏。按照"看到了就能买到"的全渠道思维，他们解决的是"看到了"的问题。如果只有"买到"的渠道，没有"看到"途径，那整个全渠道就没有引流，就没办法进入消费者生活的方方面面。

比如某婴幼儿奶粉品牌在开发区域市场时，发现母婴类媒体的首页虽然广告费高，但关注度、参与度却并不高；而购物类网站的排名虽然曝光度高但难以解决参与和信任问题。新手妈妈们最容易从哪里接受信息源？当我们把自己变成新手妈妈的视角，就会发现她们关注的，是育儿话题，她们泡在论坛的话题小组里，或者聚集在本地的线下活动小组里。在这种情况下，与其把大额费用投放在硬广和购物网站排名上，就不如把费用投放在论坛话题互动和线下互动体验上了。这是整个全渠道购买阶段很重要的关卡。

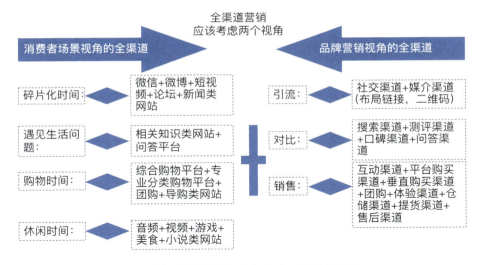

以两个视角的交集布局全渠道，并择优选择

全渠道的择优选择：

从多渠道逐渐完善到全渠道。

渠道选择要适合品类与价值展示。

优先选择权重较高、目标客户活跃的渠道。

根据消费者购买大数据的消费频次，规划开店平台和先后顺序。

特殊冷藏食品、即食食品，考虑线下体验店销售＋线上区域性推广。

2. 全渠道的兼容、打通与转换

全渠道兼容的问题：全渠道首先涉及多个不同渠道，同一款产品可以在多个渠道购买，需要平衡不同渠道的价格、促销、费用投入、利益冲突问题，还需要考虑不同渠道本身的要求和整体活动，因此，需要统筹协调。比如产品线的布局，有的品牌为了规避不同渠道的竞争，区分了线上款、线下款。但各线上店面、线下店面间，仍然存在着内部竞争的问题。为了避免内部恶性竞争，还需要突出各渠道特色体验，并依靠客服热线、顾客评价等机制进行管理。

全渠道各个环节打通：包括用户数据、产品型号、价格体系、库存、营销活动等。因此，需要统一的后台支持，包括统一的消费者数据库和销售数据库。比如某一渠道缺货，可通过后台调配，也可让其他渠道联系顾客，或推荐用户去其他渠道，后台对各销售环节每月在销售中的贡献做分类统计，进行针对性激励。星巴克线上线下卖咖啡，就是通过不同渠道发挥各自优势进行打通。

全渠道间的转换：消费者已经在渠道间流动，全渠道的目的就是服务流动中的消费者，避免流动变成流失。各渠道间信息要共享、关联。例如顾客在搜索渠道、社交平台、线上平台浏览数据，在线下购买；或者在线下实体店体验，线上搜索比较，这些数据如何同时上传到一个后台，实现用户的快速识别和针对性跟进，还需要借助人脸识别、大数据、浏览足迹等技术进行支持。

第四节 双定位与社群运营：赢得品牌忠诚

品牌双定位可以解决社群运营的两个基本问题：什么人？为什么而聚？

"什么人"与品牌属类相对应，品牌社群所聚集的是关注这一新属类的人群，这可以看作品牌与粉丝的共同属性。特别是食品，喜欢吃某一类食品的人，有天然的聚集话题。

而"为什么而聚"与品牌价值对应。社群要为粉丝提供持续的价值，或者与粉丝一起向外输出价值，才能让粉丝有聚集的理由。

1. 社群属于什么人？属类问题

物以类聚，人以群分。清晰的属类定位会聚集同类、排斥异类，反之，缺乏明确的属类认同，社群会因杂乱而难以吸引真正的粉丝。对于品牌运营的社群来说，品牌属类为我们提供了一个社群归类的依据。特别是当同行业都在运营品牌社群时，我们的社群有什么不一样，这是非常重要的。比如一款有机奶粉的粉丝，它的社群属类就是那些喜欢有机食品的宝爸宝妈。而一款进口的有机奶粉，它的社群属类就是想给宝宝国际品质生活的宝爸宝妈。品牌属类与社群的特点内在结合，社群圈层会更加内在一致，更有凝聚力。

新技术
喜欢信任新科技的人

新功能
注重生活品质的人

新品类
关注新鲜事物的人

新概念
关注潮流、热点、话题
的时尚人士

新属性
关注产品本身质量、
特色的人

新领域
喜欢创新、关注新应用、
新玩法的人

品牌属类影响的品牌社群

以品牌属类为核心，社群可以进行粉丝素描，包括他们的年龄、爱好、娱乐、收入、社交、话题等，为后期不断吸引同类人群，策划社群活动奠定基础。

比如某生鲜果蔬团购品牌，它的社群聚集的主要就是团购生鲜水果、追求便宜新鲜的人。这个社群平常没有话题，一到团购日前后，各种团购信息发布出来，立刻活跃，各种订单需求、吃法不断刷屏。像这样的社群，属类就很明确——是"生鲜果蔬团购"，平常不需要活跃，因为怕打扰粉丝。但团购日就达成了一种默契，成员甚至形成了一种期待。这个社群运作非常好，它很清醒地对无关的游戏、美容类信息发出拒绝，原因是"怕打扰用户"。它很清楚这个社群的用户要什么，不要什么。前提就是属类明确。

这是社群发展壮大的基础工作。有此基础，我们可以到目标人群所活跃的媒体、论坛、圈层去推广，挖掘潜在成员。

比如一款潮酷的休闲食品和一款时尚的减肥食品，他们的目标人群特征及活跃的媒体完全不同，定位清晰了，推广物料与推广方式都可以实施精准打击。

社群既可以是品牌用户沉淀的池塘，留住老用户；也可以作为品牌培养用户的平台，吸引新用户。在吸引新用户这个层面，社群也可以为品牌培养潜在的核心消费者。那么，寻找这些新社群成员的路径有哪些呢？

1.核心成员带动法
贴吧、知乎、豆瓣组寻找相关热帖版主
天涯、虎扑等论坛寻找热帖版主
通过关键词寻找微博、百度百家、微信公众号等流量大V
激励老的社群成员介绍新人

3.参照群体拉人法
到和自己社群成员相似的社群去发展成员，拦截抢人。最好不要存在直接竞争关系，避免社群反感

2.直接锁定圈层法
QQ群相关属性词搜索群体
专业细分媒体寻找。吃货社群如美食类、营养类媒体，母婴食品类社群可以去妈妈网、摇篮网等
到线下活动找。如区域社群可以去线下地面推广、专业性社群可以去专业论坛地面推广

4.合作共享社群资源
与有相似人群但行业不同的品牌进行合作，共享社群，互推社群。如美食与服装

社群成员的寻找路径

2. 社群为什么而聚？价值问题

要让同一类型的潜在社群成员聚集、留存、壮大，必须给他们一个理由。社群存在的价值，每个人在社群存在的价值，每个人在社群获得的价值，这些都与品牌价值定位密切关联。

品牌社群的三种价值与社群的发展壮大

品牌企业的社群比较特殊，既有品牌的商业属性，又有价值的社会属性。在这种情况下，价值成为一个独特的连接点，突显了品牌的社会责任和人文关怀。没有品牌的价值定位，我们找不到品牌对消费者的价值，更找不到品牌代表的这一群人的社会价值。伟大的品牌之所以会成为粉丝的信仰，绝不仅仅来自于产品，更是来自于精神层面、文化层面的认同、共鸣和代言。只有这样，才能长期赢得用户、赢得对品牌的忠诚、赢得社会美誉！

从定位到双定位：百年营销理论变迁

自市场营销出现以来，西方市场营销学者就从宏观和微观角度及发展的观点对市场营销下了不同的定义。美国市场营销协会 (AMA) 于 1985 年对市场营销下了更完整和全面的定义：市场营销是对思想、产品及劳务进行设计、定价、促销及分销的计划和实施的过程，从而产生满足个人和组织目标的交换。

从定义来看，可以明晰了解市场营销的是研究供应者与需求者之间的事，所谓营销理论是从观念理念到逻辑和系统方法，随市场环境的变化不断演进，可以理解为无所谓对错，符合当时背景的、能解释现象能解决问题的、被普遍接受和认可的，就是"对"的，所以大家不必拿任何大师的理论当圣经。

市场营销学于 20 世纪初期产生于美国。几十年来，随着社会经济及市场经济的发展，市场营销学发生了根本性的变化，从传统市场营销学演变为现代市场营销学，其应用从赢利组织扩展到非赢利组织，从国内扩展到国外。

市场营销理论萌芽于 20 世纪 20 年代，距今正好 100 年，这一时期，各主要资本主义国家经过工业革命，生产力迅速提高，城市经济迅猛发展，商品需求量亦迅速增多，出现了需过于供的卖方市场，企业产品价值实现不成问题，出现了一些市场营销研究的先驱者。这一阶段的市场营销理论同企业经营哲学相适应，即同生产观念相适应。其依据是传统的经济学，是以供给为中心的。

从 20 年代到 50 年代，市场营销学逐步发展，真正成为一门学科独立出来是在 60 年代。

1. 市场营销管理的基础

菲利普·科特勒先生对于营销的最大贡献，是让营销成为一门系统的学科、将企业定义为首先是一个营销组织和发展了 4P 营销理论。

该理论的核心思想是以市场为导向，以需求为中心，不是以生产为中心，也就是所谓的"营销"的思想；可以用下图来表示。

这种营销的思想影响巨大，菲利普·科特勒先生以此为基础，不停地完善和发展，吸收百家之长，最终形成了一个大的系统，目前，仍是世界仍被广泛学习和接受。

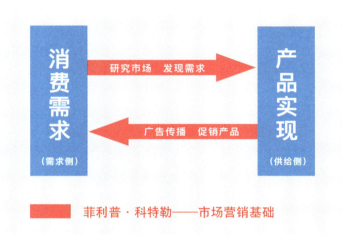

2. USP 理论

USP 即"独特的销售主张"(Unique Selling Proposition) 表示独特的销售主张或"独特的卖点"，是罗塞·瑞夫斯在 50 年代首创的。

随着科技的进步，企业能生产出各式各样、各种功能特点的产品，消费者难以区分记忆和选择接受；如何让消费者接受呢？万绿丛中一点红，我只传播最独特的那一点；可以用图中的一个最尖的箭头表示。

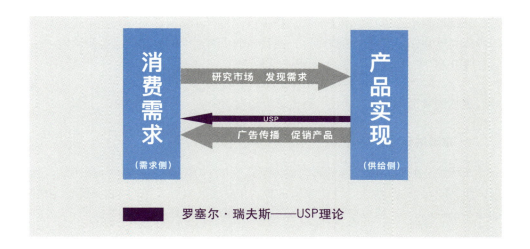

罗塞尔·瑞夫斯——USP理论

　　"独特的销售主张"（USP）是广告发展历史上较早提出的一个具有广泛深远影响的广告创意理论。

3. 品牌形象理论

　　品牌形象论是大卫·奥格威在20世纪60年代中期提出的。

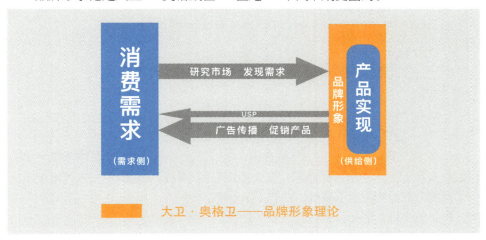

大卫·奥格卫——品牌形象理论

　　随着市场供给的变化，消费需求发生巨大的变化，从有形的产品功能需求到更多的心理需求。

品牌形象论的核心是消费者的选择不仅仅是产品本身，还有对整个企业及品牌形象的感知，"认知大于真相"，消费者购买时追求的是"产品实质价值＋品牌心理价值"。

品牌形象论通常被认为是广告创意策略理论中的一个重要流派。

4. 市场细分理论 (STP)

市场细分的概念最早是美国营销学家温德尔 · 史密斯在 1956 年提出的，此后，菲利浦 · 科特勒进一步发展和完善，并最终形成了成熟的 STP 理论（市场细分 Segmentation、目标市场选择 Targeting 和市场定位 Positioning）。

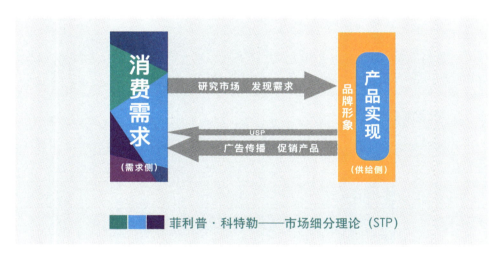

STP 理论是战略营销的核心内容，根本要义是选择、确定目标消费者或客户。

根据 STP 理论，市场是一个综合体，是多层次、多元化的消费需求集合体，任何企业都无法满足所有的需求，企业应该根据不同需求、购买力等因素把市场分为由相似需求构成的消费群，即若干子市场。

5. 定位理论

"定位"理论是艾 · 里斯和杰克 · 特劳特于 1972 年提出的。

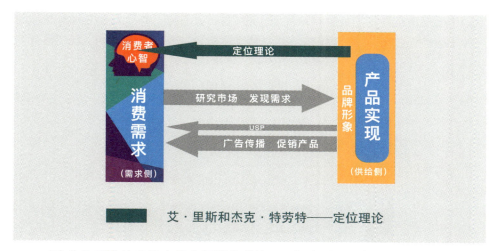

"定位"理论的出发点是占领消费者的"心智资源"，商家可以通过"定位"来高效率地创建并传播品牌，从而获得预期的利益。定位的精髓在于，把观念当作现实来接受，然后重构这些观念，以达到你所希望的境地。

"定位"理论本质上是对传统营销观念的一种背离。因为市场营销观念所强调的是顾客的主导地位，它认为只要满足了顾客需求，产品就可以实现自我销售。而"定位"理论则恰恰相反，它更强调营销者的主导作用，强调不要在产品中找答案，而是要"进军消费者大脑"，这显然是一种观念上的反叛。

6. 整合营销传播

整合营销传播（IMC）是唐·舒尔茨在20世纪90年代提出的。

整合营销传播IMC的核心思想是将与企业进行市场营销所有关的一切传播活动一元化，"用一个声音说话"。

整合营销传播一方面把广告、促销、公关、直销、CI、包装、新闻媒体等一切传播活动都涵盖到营销活动的范围之内；另一方面则使企业能够将统一的传播资讯传达给消费者。

整合营销传播的开展，是20世纪90年代市场营销界最为重要的发展，整合营销传播理论也得到了企业界和营销理论界的广泛认同。整合营销传播理论作为一种实战性极强的操作性理论，在中国得到了广泛的传播，并一度出现"整合营销热"。

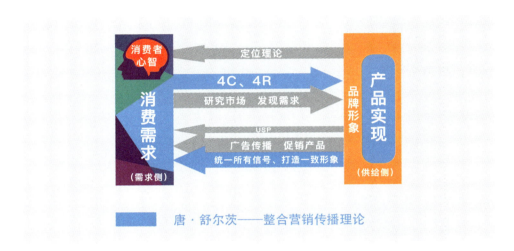

唐·舒尔茨——整合营销传播理论

上述营销理论是 20 世纪传统的营销理论。

传统的市场营销学认为：顾客是"当之无愧"的市场主导，在这些理论中，满足顾客需求被看成是营销的"目的"，商家的生产与销售活动都应当围绕此目的来进行，只要产品或服务满足了顾客需求，营销的目的就已经达到了，因为适合顾客需求的商品会理所当然的得到市场的热情响应而自行销售出去。

因此，顾客及其需求主导着卖方（销售者与竞争者）的全部市场行为，由此可见，顾客是市场无条件的主导者。

事实上顾客需求是不确定的，更糟糕的是顾客并不清楚也不想弄清楚自己到底需要什么，而且，消费者的需求是随着环境条件的变化不断变化的，消费者之间相互影响、消费者与生产者互动互生。

所以许多根据"谁也弄不清楚的顾客需求"制定营销策略最后以失败告终。

新经济环境必须创新营销理论。

首先，技术创造价值，随着高新技术的发展，新产品能够满足消费者的更多欲望，满足消费者想都想不到的需求，也就是说，随着技术的发展，新产品可以由企业先生产出来再引导消费需求；很多新概念产品是通过概念的引导可以创造出需求，在产品出来之前是没有需求的。

其次，在互联网时代，信息极大地影响着人们的生产、消费和生活，甚至可以左右人们的选择。什么是好的，什么是有价值的？不是消费者自己想的，而是在外界信息的影响下产生的，是可以用一定的传播手段打造出来的，是可以通过企业影响并传递给消费者的。

7. 品类战略

品类战略由"定位"理论创始人之一，艾·里斯较早提出。

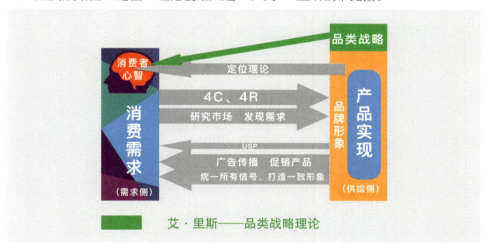

品类战略，提出企业通过把握趋势、创新品类、发展品类、主导品类建立强大品牌的思想，通过分化品类、创新品类来占领心智、建立品牌。

品类战略颠覆了传统品牌理论强调的传播，走出以形象代品牌、以传播代品牌的误区，为企业创建品牌提供了切实有效的指引。

8. 蓝海战略理论

2005 年，欧洲管理学院的金伟灿和莫伯尼教授提出了"蓝海策略"。

蓝海战略是开创无人争抢的市场空间，超越竞争的思想范围，开创新的市场需求，开创新的市场空间，经由价值创造来获得新的空间。

9. 价值再造——双定位理论

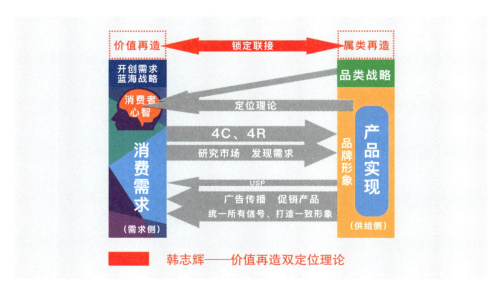

双定位理论是由中国著名营销专家韩志辉博士和雍雅君在 2013 年提出的。双定位理论产生于技术飞速进步的互联网时代。双定位理论认为：在新经济时代，产业发生了根本性的变革，产业创新、产业升级带来了产业边界、商业生态的变革。品牌战略要用创新性的思维开创全新的属类，满足不断升级的消费需求，并以全新的属类和价值再造消费者的心智，而不仅仅是抢占消费者原有的心智。

双定位理论对品牌的战略思考从供给侧开始，将企业的创新和突破与属类定位结合起来。供给侧的升级和创新在营销上的体现，主要的是通过新属类体现出来。从支付宝到微信、从零售到新零售、从共享经济到分享经济、从大数据到黑科技，从跨界到融合……都是新经济环境下出现的全新属类，正是这些全新的属类，给全世界带来全新的冲击和震撼，一次次冲击和刷新人们的心智，再造消费者心智。

双定位理论的核心是成功的品牌必须在消费者的心智中成功占据两个位置，即属类定位(你是什么)和价值定位(我为什么要买你)。双定位是双向的锁定关系，缺一不可，只有品类定位而无价值创造则无意义。相反如果只有价值定位而无品类的创新则无根源，无法得到信任。

2018 年，韩志辉博士与雍雅君合著的《双定位》出版，全面阐述了双定位理论及其具体应用，为企业提供了一套有价值的营销思考逻辑。

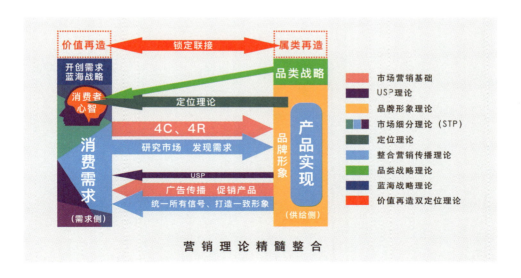

营销理论精髓整合

再次强调，营销理论是从观念、理念到逻辑和系统方法，随市场环境的变化不断演进，大家不必拿任何大师的理论当圣经，只有符合当时背景的、能解释现象、能解决问题的理论，才是我们要学习和研究的。

附录一：双定位理论

双定位理论是新经济下的品牌战略利器，是光华博思特在多年实战营销咨询中总结的系统理论成果，并于 2018 年荣膺"中国品牌营销理论创新成果奖"。

双定位理论由国内著名营销专家韩志辉博士与雍雅君女士联合提出。韩志辉博士是互联网（消费大数据方向）博士后，也是光华博思特营销咨询机构总裁。雍雅君女士是光华博思特营销咨询机构品牌总监。多年来，他们及公司团队在品牌营销实践中得出了双定位理论，并一次次创造了品牌升级的奇迹！

理论创始人：韩志辉、雍雅君

理论基本思想

新经济环境下，品牌不再是抢占消费者原有的心智，而是不断创新，用全新的属类和价值再造消费者心智。

双定位理论提出：任何一个成功的品牌，都是在消费者心智中成功占据了两个位置，回答了消费者的两个问题：

第一，你是什么或你代表什么？此为属类定位；

第二，我为什么要买你？此为价值定位。

缺一不可！

品牌的核心在于定位，定位不是打飞靶，不是无目标的搜寻。定位有两个重要的基点：一是基于供给侧，或称为生产方；二是基于需求侧，或者消费方。

"双定位"理论有效地连接了供给侧和需求侧，互为呼应，形成钳形合力，让品牌定位更加精准。

"双定位"理论从供给侧开始，回答消费者第一个问题：你是什么？或者你代表了什么？回答这个问题可能是基于分化的品类，也可能是颠覆性的属类。重要的是要从消费者的角度去思考你是什么，而不是立足于企业内部的定位。品牌定位的另一方面是需求侧，回答消费者第二个问题：我为什么要买你？对于属类定位分析的同时必须考虑什么是消费者认为有"价值"的东西。价值定位和属类定位相呼应，这样全新的属类，才能提供差异化价值。

理论意义

1. "双定位"理论是双向的定位和创新，属类创新和价值再造

双定位从供给侧出发，基本原则是鼓励创新和升级，只有供给侧的创新，才能创造全新的属类，带给消费者更高的价值、全新的价值，改变消费者原有的消费者观念，再造消费者心智。

2. "双定位"理论是通过新属类体现新价值，再造消费者心智

双定位理论对品牌战略的思考从供给侧开始，将企业的创新和突破与属类定位结合起来，供给侧的升级和创新在营销上的体现，重要的是通过新属类体现出来。

从支付宝到微信、从零售到新零售、从共享经济到分享经济、从大数据到黑科技，从跨界到融合……都是新经济环境下出现的全新属类，正是这些全新的属类，给全世界带来了全新的冲击和震撼，一次次冲击和刷新人们的心智，再造消费者心智。

3. "双定位"符合消费者购买思考逻辑

企业所有经营活动的目标是创造顾客。深入了解顾客的购买心理，也是基于

两个方向的思考。一个成功的购买过程清晰地回答了消费者的两个问题：消费者通常用属类表达需求，用价值做出选择。

4. 创新产品做品牌，一定要有双定位思维

企业所有的创新以市场为中心，是为了更好地吸引顾客。首先，应考虑创新成果如何转化为市场价值。企业创新面向市场的根本目的是为了创造价值，可能是技术创新、产品创新、管理创新，或来自市场的创新，创新是为了创造不同，创造差异化，如何转化为市场价值，最直接的方式表现为分化的新品类或颠覆性的属类。

新产品用新品类开创新的领域，摆脱原有竞争；新价值开创消费者新的认知，打造全新品牌。

关注及获奖

2018 年 1 月 16 日，在 2017 首届中国品牌人年会上，由国内著名营销专家、管理学博士韩志辉先生、雍雅君女士提出的"双定位理论"获得了"品牌营销理论创新奖"，引起了与会人员的极大关注。全国品牌社团组织联席会秘书长张锐特别为双定位理论创始人韩志辉、雍雅君颁奖。

全国品牌社团组织联席会秘书长张锐（右）为双定位理论创始人
韩志辉（中）雍雅君（左）颁奖

"双定位"理论提供了一套有价值的营销思考逻辑

作为供给侧的企业，任何经营活动的创新：技术、产品、资源、环境、市场等，都必须同时回答另一个问题：能够带来的市场价值是什么？能够为目标消费者带来的价值是什么？以此形成基于市场、基于消费者价值的双向思考模式。只有企业管理者在企业经营的每个环节，以为顾客创造价值为核心，其创新活动才具有市场价值。

附录二：光华博思特营销咨询机构

光华博思特营销管理咨询机构成立于 2004 年，在北京和山东设有分公司：
北京公司：北京光华精锐营销咨询有限公司（专注营销管理咨询服务）
山东公司：济南博思特创典咨询有限公司（专注品牌营销战略咨询服务）
山东公司：济南博思特文化传媒有限公司（专注互联网营销咨询服务）

光华博思特营销咨询机构是中国知名的品牌及营销策划咨询机构，博思特咨询团队由近百位资深营销专家和设计创意专家组成，其领军人物为中国营销咨询行业极具影响力的营销实战专家、管理学博士韩志辉先生。

光华博思特专业为企业提供品牌和营销策划咨询服务。

光华博思特先后服务过数百家中国企业，创造了一系列经典的品牌营销成功案例，在农产品／食品、保健品、酒水饮料、太阳能、家纺家居、建材以及工业品领域均有脍炙人口的案例，其中许多案例成为北京大学、清华大学、中山大学、山东大学等多所著名学府的 MBA 案例。

光华博思特的优势在于丰厚的实战经验和高度的理论建树。其领军人物韩志辉博士具有在国内大型企业十年、从市场一线到营销总监的实战积累，同时在营销咨询实战中总结出震惊国内的附加值理论，并获得了管理学的最高研究学历——博士。

光华博思特咨询团队核心专家均具有在国内大型企业的实战经验，有多人获得营销策划领域的专业奖项。

奇正·竞争战略研究室

企业竞争战略要解决的核心问题是，如何通过研究行业发展趋势、竞争格局、企业优势和顾客需求，找到品牌奇正相合的竞争谋略，奠定品牌长期发展的竞争优势。

脑洞·商业模式创新研究室

互联网颠覆传统，能否转化为切实可行的商业模式？根本的问题是：要说清楚你做的是什么生意？为消费者提供了什么价值主张？盈利的方式是什么？如何实现盈利？价值是整个商业模式的核心要素，脑洞大开找到价值和盈利点。

创典·品牌战略研究室

极度竞争时代要求企业家必须首先是个战略家！任何一个成功的品牌，在消费者心智中成功占踞了两个位置：品类定位和价值定位。此谓"双定位理论"，是久经验证，能为企业创造经典的"良方"！

创意设计中心

品牌形象与创意：一秒钟看上，一分钟爱上，一辈子赖上！

渠道模式中心

光华博思特把电商运营、渠道建设和团队建设三者合一，形成强大的市场落地能力。

风暴@云中心

光华博思特公司的风暴@云中心，通过互联网系统传播，已成功运营多个品牌，掀起了一场又一场的市场风暴！

消费大数据中心

"互联网+"的时代，大数据就是发言权。

电商运营中心

秉承"从战略切入，更懂电商"的理念，支持企业电商运营推广的各个环节，致力于一揽子电商解决方案；主要业务有电商教练、全网品牌势能打造、店铺托管、微社群营销、视觉设计、企业电商实战培训等，已成功运营国内品牌近百个。

品牌农业战略推进中心

中心由农业部农产品加工业专家委员会专家委员韩志辉博士牵头成立，整合10多位行业资深专家组成，是长期致力于大数据研究、农业产业规划、农业区域品牌和企业品牌策划与推广的现代化品牌咨询机构。

　　光华博思特营销咨询机构是中国知名的品牌及营销策划咨询机构，博思特咨询团队由近百位资深营销专家和设计创意专家组成，其领军人物为中国营销咨询行业极具影响力的营销实战专家、管理学博士韩志辉先生。

　　光华博思特专业为企业提供品牌和营销策划咨询服务。

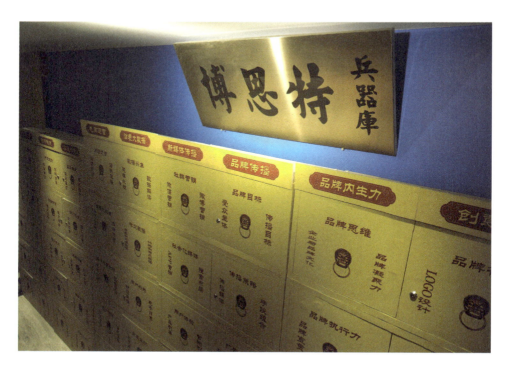

【名医＋妙方＋良药】双定位理论是品牌营销的妙方，需要"名医"——咨询专家，更需要"良药"——系统的营销兵器。光华博思特用双定位理论为企业提供专业系统的品牌营销服务：竞争战略、商业模式、品牌战略……电商运营、营销执行……

竞争战略

市场研究	消费分析	竞争分析
行业研究	发展趋势	核心驱动因素
战略规划	swot分析	行业地位分析
竞争战略	战略聚焦	能力培养
战略执行	战略路径	关键点

1. 企业竞争战略要解决的核心问题是，如何通过研究行业发展趋势、竞争格局、企业优势和顾客需求，找到品牌奇正相合的竞争谋略，奠定品牌长期发展的竞争优势。

商业模式

	产业链分析	资源分析	关键要素
	商业模式分析	运营模式	管理机制
	价值主张	目标定位	价值整合
	收益实现模式	收益渠道	收益周期
	模式实施	关键流程	控制推进

2. 互联网颠覆传统，能否转化为切实可行的商业模式？根本的问题是：要说清楚你做的是什么生意？为消费者提供了什么价值主张？盈利的方式是什么？如何实现盈利？价值是整个商业模式的核心要素，脑洞大开找到价值和盈利点。

品牌战略

	品牌定位	品类定位	价值定位
	品牌形象	主视觉	传播主题
	核心价值	概念点	支持点
	社会形象	产品形象	市场形象
	品牌构建	品牌管理	品牌延伸

3. 极度竞争时代要求企业家必须首先是个战略家！任何一个成功的品牌，在消费者心智中成功占据了两个位置：品类定位和价值定位。此谓"双定位理论"，是久经验证为企业创造经典的"良方"！

创意设计

品牌符号	LCGO设计	吉祥物
MI设计	BI设计	VI设计
PI产品形象	产品包装	产品宣传
SI店面形象	店招设计	多维空间
UI交互	网站设计	H5传播

4. 品牌形象与创意：一秒钟看上，一分钟爱上，一辈子赖上！

渠道模式

渠道模式	渠道层级	渠道结构
部门设置	岗位职责	团队管理
费用预算	通路价盘	利润分配
样板市场	源点渠道	核心终端
招商策划	渠道对接	客户管理

5. 光华博思特把电商运营、渠道建设和团队建设三者合一，形成强大的市场落地能力。

风暴@云中心

社群营销	微信营销	微博营销
社会化媒体	APP营销	搜索布局
用户体验	产品引导	营销引导
事件营销	内容营销	病毒营销
客户关系	复购率	忠诚度

消费大数据

数据采集	建模处理	数据解读
社交数据	商品交易数据	行为需求数据
用户行为	特征数据	电子肖像
竞品监测	危机监测	市场预测
SCRM客户分级	云端处理	决策支持

电商运营

网店运营	店铺诊断	店铺装修
数据化运营	直通车钻展推广	网店活动
电商环境分析	爆款打造	金牌客服打造
客户筛选	精准营销	信息推送
手机端运营	站内外推广	网红店策划

品牌农业

农业品牌策划	品牌竞争策略	品牌形象表现
品牌保护认证	生态原产地认证	原产地保护区认证
特产品牌策划	特产包装策划	特产营销对接
农业品牌认证	培训基础打造	品牌人才培育
项目对接	渠道营销对接	金融资本对接

6. 光华博思特公司的风暴@云中心，通过互联网系统传播，已成功运营多个品牌，掀起了一场又一场的市场风暴！

7. "互联网+"的时代，大数据就是发言权。

8. 秉承"从战略切入，更懂电商"的理念，支持企业电商运营推广的各个环节，致力于一揽子电商解决方案；主要业务有电商教练、全网品牌势能打造、店铺托管、微社群营销、视觉设计、企业电商实战培训等，已成功运营国内品牌近百个。

9. 中心由农业部农产品加工业专家委员会专家委员韩志辉博士牵头成立，整合10多位行业资深专家组成，是长期致力于大数据研究、农业产业规划、农业区域品牌和企业品牌策划与推广的现代化品牌咨询机构。

【名医＋妙方＋良药】一定能解决问题！

附录三：光华博思特营销咨询机构出版物

《创造附加值》 作者：韩志辉

本书从企业的本质、消费者的本性、竞争的本源来分析市场竞争，旨在：

·帮助企业主动参与竞争，制定正确的竞争策略，获取策略附加值！

·帮助企业进行产品策划，有效提高产品的价值梯次，发掘产品附加值！

·帮助企业建设高效的渠道模式。创造渠道势能，提升渠道附加值！

·帮助企业低成本打造强势品牌，挖掘品牌核心力量，谋求以品牌差异化为核心的企业竞争力，打造品牌附加值！

作者曾以《创造附加值》为题，在国内作了数百场演讲，得到了众多企业家、经理人和专家的高度评价，所到之处刮起了一阵创造附加值的旋风。

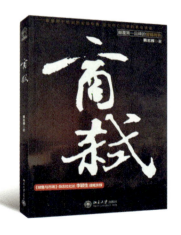

《商弑》 作者：韩志辉

企业之间的竞争，波谲云诡，如何在市场竞争中打击对手的同时不断壮大自己，走出国门，逐鹿于国际市场，这是企业的高管，尤其是销售总监，在不断研究的问题。

小说生动复原当前中国家电市场的战场，深度揭秘海牛集团这样的企业是如何在竞争中不断拼搏、创新，最终称霸中国市场的，这是企业高管，尤其是销售总监研究中国市场、汲取经验的最好样本。同时书中的故事也揭秘了很多营销秘诀。

书中深度解析的营销战略、营销技巧，是企业高管、营销人员不可或缺的营销指南。

书中陆雄集团的衰亡、海牛集团的兴起更是当今企业极其珍贵的借鉴，这是企业高管应该人手一册的"史书"。

《冲向第一》 作者：韩志辉

《冲向第一：二线品牌高附加值成长模式》，机械工业出版社出版。本书核心内容包括：二线品牌高附加值要素评估；品牌高附加值来源；四维竞争策略；品牌形象钻；二线品牌互联网营销；高附加值成长模型。

《冲向第一：二线品牌高附加值成长模式》，是一本颠覆传统营销理念的实战经验书籍，是二线品牌抽身三四线品牌低水平竞争泥潭，创造高附加值成长的实践方法论。适合中小企业管理者及创业人士阅读。

《狂吃十万亿》 作者：韩志辉

《狂吃十万亿：中国农产品食品高附加值成长模式》是韩志辉博士带领的光华博思特中国品牌农业战略推进中心以团队之力对中国农业所作的系统研究成果。全书站在中国农业广阔的市场背景下，以营销人的智慧，立足团队多年行业研究和成功案例，对如何认清中国农业局势，发挥地缘优势，在十万亿农业大市场中成为最大的赢家，对如何系统提升农产品／食品企业附加值做了系统探讨。

《狂吃十万亿：中国农产品食品高附加值成长模式》对农产品及食品企业如何"狂吃十万亿"的解题，从行业趋势研究、消费行为转变、行业制胜战略要素、品牌战略、产品策划、渠道开拓和宣传推广多个角度入手，每一部分都配合成功案例，系统、深入、生动地提出了解决之道。

《品牌农业大革命》 作者：韩志辉

在 2017 中央 1 号文件的指引下，在农业部（现改为农业农村部）正式确立 2017 年为农业品牌推进年之际，韩志辉博士及其带领的专家团队价值巨献——《品牌农业大革命》。

本书核心内容有：品牌农业——千载难逢的商机；涉农企业战略性思维；农业高附加值品牌打造。

从农业发展与社会需求之间的重重矛盾，到已经爆发的中国品牌农业大革命；从中国品牌农业千载难逢的商机，到涉农企业战略性思维；从农产品六次产业价值再造，到以价值为导向的全产业链再造；从农业品牌的特征，到高附加值品牌打造。颠覆传统农业认知，带给你全新的品牌农业概念。既有宏观战略性思维，又有具体实操秘笈。

这是一本接地气的品牌农业著作，适用于农产品、食品行业人士。这是一本能让你少走弯路的书！这是让你突破事业瓶颈的书！

《农业区域品牌价值战略》 作者：韩志辉 刘鑫淼

本书对于世界农业区域品牌的成长规律，以及我国农业区域品牌发展现状做了深入的分析和解读，对于农业区域品牌成长各环节、关键节点，尤其是在不同发展阶段政府应该起的作用做了重要的分析和解释，作者还提出了具有前瞻性的农业区域品牌从顶层设计到组织管理，再到推广执行的七项基本原则，对于区域政府推动当地农业品牌化建设具有重要参考价值和指导意义。

本书站在农业区域品牌一体化协同运营的系统高度，深入分析了农业区域品牌运营管理的阶段性、长期性等科学特征，并提出了全套系统理论和指导工具。本书推荐的＂背书品牌模式，对于帮助政府相关部门摆正服务角色、梳理政企关系和凝聚社会力量有重要参考价值，非常适合中国当前的市场特征。

《双定位》 作者：韩志辉　雍雅君

中国进入了前所未有的大变革时代，商业竞争进入"跨界、跨时空"的无限度竞争时代，人们在巨变中追风踏浪，中国市场几十年来学习和模仿的营销理论、管理理论、竞争理论和品牌理论，在巨变的市场中失去了理论的根基。

双定位理论基于供给侧和需求侧的双向思考：品牌要从供给侧创新开始，用全新的属类和价值再造消费者心智。

企业供给侧改革的发力点，企业改革与创新的落脚点，不在于普通意义上的技术创新、模式创新，也不是简单的制造高端产品的产品思维；企业供给侧改革的要义，是品牌的升级和转型！

属类定位和价值定位，是品牌战略定位的两翼，缺了任何一个，都会造成市场力量的缺陷，带来事倍功半，甚至颗粒无收的遗憾。

大量理论及实践证明：成功定位的本质是双定位的成功！

《互联网下半场－品牌再造》　作者：韩志辉　郭婷

互联网已进入下半场。

此时，我们比以往更加迫切地需要品牌再造。

本书系统梳理了品牌再造体系，帮助企业把握下半场竞争主轴。也重点提炼了品牌再造的"观点＋思考工具＋方法"，帮企业切实驾驭互联网品牌再造。

图书在版编目（ＣＩＰ）数据

食品酒水双定位战略 / 韩志辉，于润洁，郭婷著
. —— 北京：中国农业出版社，2018.10
ISBN 978-7-109-24671-3

Ⅰ．①食… Ⅱ．①韩… ②于… ③郭… Ⅲ．①食品工业－经济
发展战略－研究②酒－饮食业－经济发展战略－研究③饮料－饮
食业－经济发展战略－研究 Ⅳ．
① F407.826 ② F719.3

中国版本图书馆 CIP 数据核字 (2018) 第 222305 号

中国农业出版社出版
（北京市朝阳区麦子店街 18 号楼）
（邮政编码 100125）
责任编辑　程燕

北京中科印刷有限公司印刷　　新华书店北京发行所发行
2018 年 10 月第 1 版　　2018 年 10 月北京第 1 次印刷

开本：700mm×1000mm 1/16　　印张：12
字数：330 千字
定价：68.00 元
（凡本版图书出现印刷、装订错误，请向出版社发行部调换）